目次

／ …… 学習日を記入しよう

□ …… 理解度を記入しよう

○ よく理解できた
△ 理解できた
× 少ししか理解できなかった

CHEMISTRY

中学の復習

重要事項マスター

身のまわりの物質

① 金属にはみがくと光る(1　　　　　)，(2　　　　)や(3　　　　)をよく通す，引っ張ると延びる(4　　　　)，たたくと広がる(5　　　　)といった性質がある。

② 金属以外の物質を(6　　　　　)といい，特に炭素を含む物質を(7　　　　　)という。

③ 物質の単位体積あたりの質量を(8　　　　)という。

$$密度〔g/cm^3〕=\frac{物質の質量〔g〕}{物質の体積〔cm^3〕}$$

気体の発生と性質

④ 水に溶けやすく，空気よりも密度が小さい気体を集める方法を(1　　　　　)，空気よりも密度が大きい気体を集める方法を(2　　　　　)という。また，水に溶けにくい気体を集める方法を(3　　　　　)という。

水溶液

⑤ 食塩を水に溶かすと無色の液体になる。食塩のように，溶けている物質を(1　　　　)，水のように，溶かしている液体を(2　　　　)という。(1　　　　)を(2　　　　)に溶かしたものを(3　　　　)といい，水が(2　　　　)であるものを(4　　　　)という。

⑥ 100 gの水に溶ける物質の限度の量を(5　　　　)という。また，物質がそれ以上溶けることができない水溶液を(6　　　　　)という。

⑦ 溶液の濃さ(濃度)を，溶液の質量に対する溶質の質量の割合(パーセント)で表したものを(7　　　　　　　)といい，次の式で表される。

$$質量パーセント濃度〔\%〕=\frac{溶質の質量〔g〕}{溶液の質量〔g〕}\times 100=\frac{溶質の質量〔g〕}{溶質の質量〔g〕+溶媒の質量〔g〕}\times 100$$

例えば，グルコース10 gを水90 gに溶かしてできる水溶液の濃度は(8　　　　)である。

状態変化

⑧ 物質の状態が温度によって固体・液体・気体の間を変化することを(1　　　　　)という。

⑨ 固体が融けて液体になるときの温度を(2　　　　)，液体が沸騰して気体になるときの温度を(3　　　　)という。

⑩ 混合物を加熱し，沸点の差を利用して物質を分離する方法を(4　　　　)という。

物質の成り立ち

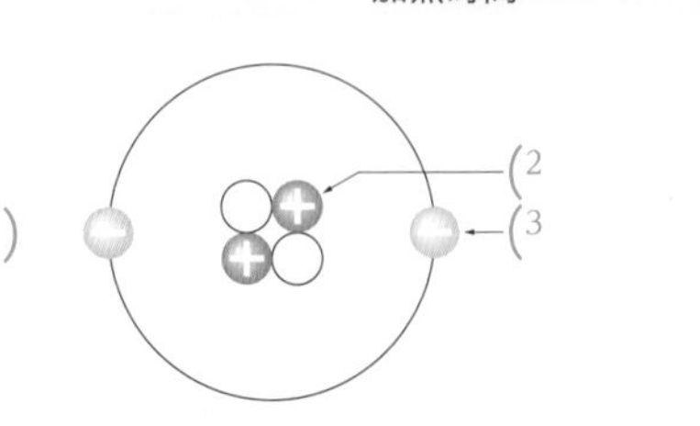

⑪ 物質を構成する，それ以上分解できない最小の粒子を(1　　　　)という。

⑫ いくつかの原子が結びついた粒子を(4　　　　)という。

⑬ 物質を原子の記号で表したものを(5)という。

種類	水素	炭素	酸素	窒素	鉄	銅
元素記号	6	7	8	9	10	11

⑭ 1種類の元素でできている物質を(12)，2種類以上の元素でできている物質を(13)という。

種類	酸素	窒素	アンモニア	硫化鉄
化学式	14	15	16	17

▶ 化学変化

⑮ 原子の組みかえが起こり，もとの物質とは違う物質ができる変化を(1)という。

⑯ 1種類の物質が2種類以上の物質に分かれる化学変化を(2)という。

⑰ 化学変化を化学式を用いて表した式を(3)という。

⑱ 物質が酸素と結びつくことを(4)という。特に，物質が熱と光を出しながら激しく(4)することを(5)という。一方，物質が酸素を奪われる化学変化を(6)という。

⑲ 化学変化の前後で，物質全体の質量は変化しないという法則を(7)という。

▶ 水溶液とイオン

⑳ 原子が電気を帯びた粒子を(1)という。原子が(2)を失い，＋の電気を帯びたものを(3)，原子が(2)を受け取り，－の電気を帯びたものを(4)という。

陽イオン	化学式	陰イオン	化学式
水素イオン	5	塩化物イオン	7
ナトリウムイオン	6	水酸化物イオン	8

㉑ 物質が水に溶けて，イオンに分かれることを(9)という。

㉒ 水に溶けて，水素イオンH^+を生じる物質を(10)，水に溶けて水酸化物イオンOH^-を生じる物質を(11)という。

㉓ 酸性やアルカリ性の強さを示す数値を(12)といい，中性の場合，この値は(13)となる。

㉔ 酸から生じる水素イオンとアルカリから生じる水酸化物イオンが結びついて水をつくり，互いの性質を打ち消しあう反応を(14)という。

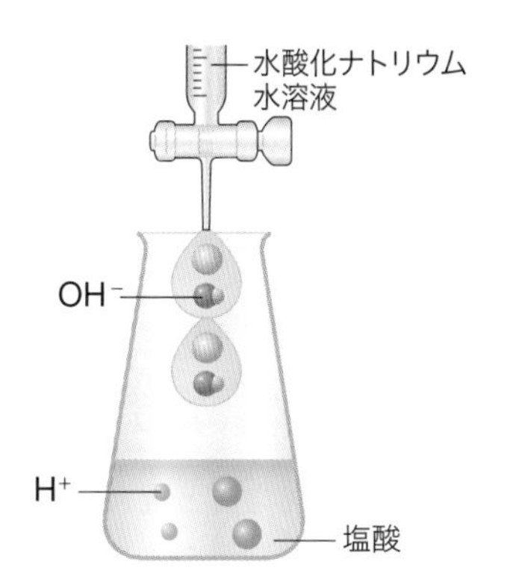

▶ 化学変化と電池

㉕ 電解質の水溶液に2種類の金属を入れ，その金属の間に電圧を生じさせる装置を(1)という。使うと電圧が低下し，もとに戻らない(1)を(2)，充電することでくり返し使うことができる(1)を(3)という。

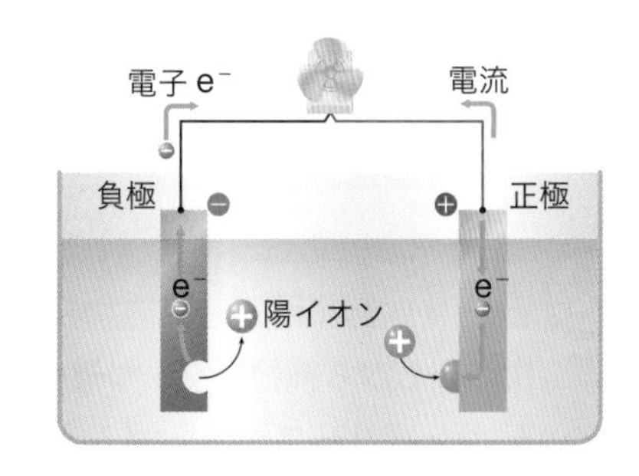

1 純物質と混合物

重要事項マスター

▶ 物質とは何か

① 化学とは(1　　　　)を対象とし，その性質や変化を研究する学問である。

② すべての物質は，(2　　　　)という小さな粒子からできている。

↑ さまざまな物質

▶ 純物質と混合物

③ 物質 ─┬─ (3　　　　)…1種類の物質からなるもの

　　　　│　例 水，塩化ナトリウム

　　　　└─ (4　　　　)…2種類以上の物質からなるもの

　　　　　 例 海水，空気

④ (5　　　　)の融点･沸点･密度は，それぞれの物質で決まっており，一定である。

⑤ (6　　　　)の融点･沸点･密度は，混じっている物質の種類や量によって変化する。

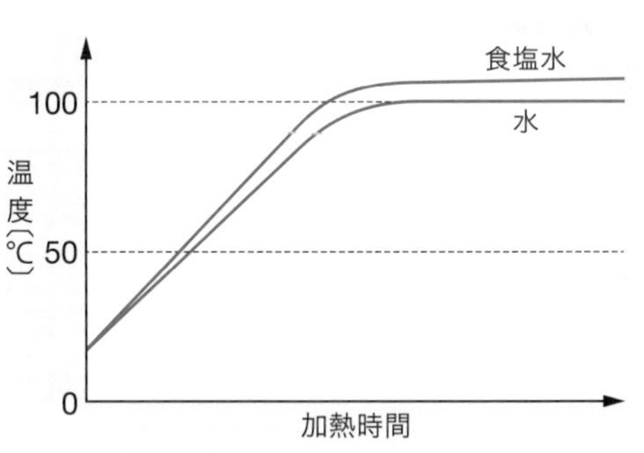

Reference 海水の組成

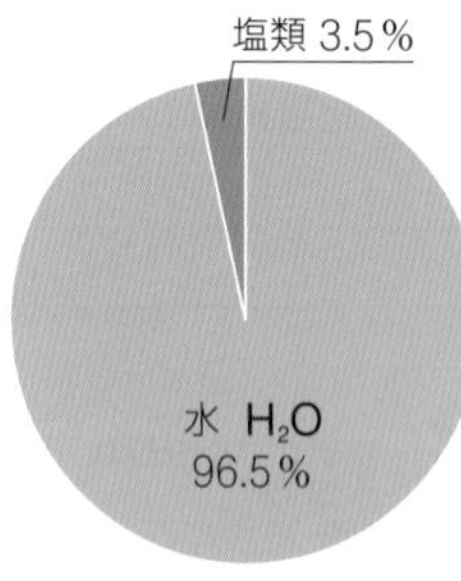

海水の組成(質量%)

成分	質量%
水 H_2O	96.5%
塩化ナトリウム $NaCl$	2.72%
塩化マグネシウム $MgCl_2$	0.38%
硫酸マグネシウム $MgSO_4$	0.17%

海水を構成するおもな成分は水と塩化ナトリウムなどの塩類である。

Work 身のまわりの物質

次の物質を純物質と混合物に分類しなさい。

牛乳　　金　　食塩水　　空気

純物質	混合物

Exercise

1 次のうちから純物質を1つ選べ。

石油　オリーブ油　セメント　炭酸水　空気　ドライアイス

(　　　　)

← **1** 1種類の物質からできているものが純物質である。

2 混合物の分離

重要事項マスター

▶ 混合物の分離と精製

① 物質の性質の違いを利用して，混合物から目的の物質を分ける操作を(1　　　　)という。

② 不純物を取り除き，より純粋な物質を得ることを(2　　　　)という。

▶ 分離の基本操作

<table>
<tr><td>(3　　　　)</td><td>(4　　　　)</td></tr>
<tr><td>粒子の大きさの違いを利用して，液体とその液体に溶けない固体を，ろ紙などを用いて分離する操作。</td><td>温度による溶解度の違いを利用して，不純物が混じった固体を熱水などに溶かした後，冷却することにより，ほぼ純粋な結晶を得る操作。</td></tr>
<tr><td>
</td><td></td></tr>
<tr><td>(5　　　　)</td><td>(6　　　　)</td></tr>
<tr><td>沸点の違いを利用して，不純物を含む液体を加熱して沸騰させ，生じた蒸気を冷却して再び液体にし，分離する操作。</td><td>溶媒への溶けやすさの違いを利用して，混合物の中から目的の物質を溶媒に溶かし出して分離する操作。</td></tr>
<tr><td>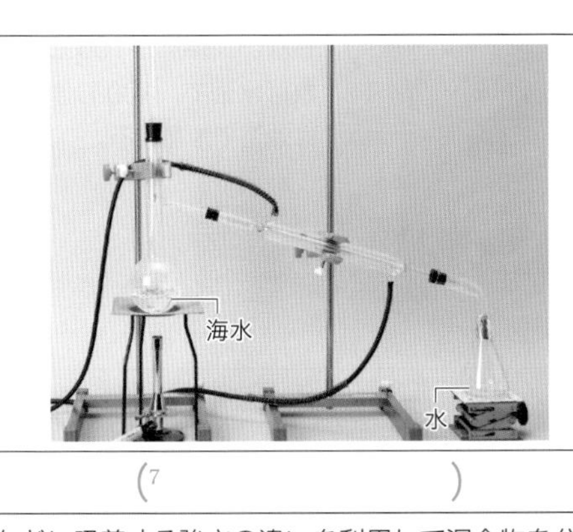
</td><td>
</td></tr>
<tr><td>(7　　　　)</td><td>(8　　　　)</td></tr>
<tr><td>ろ紙などに吸着する強さの違いを利用して混合物を分離する操作。</td><td>固体が液体にならずに直接気体になる変化を利用して，昇華しやすい性質をもつ物質を，混合物から分離する方法。</td></tr>
<tr><td>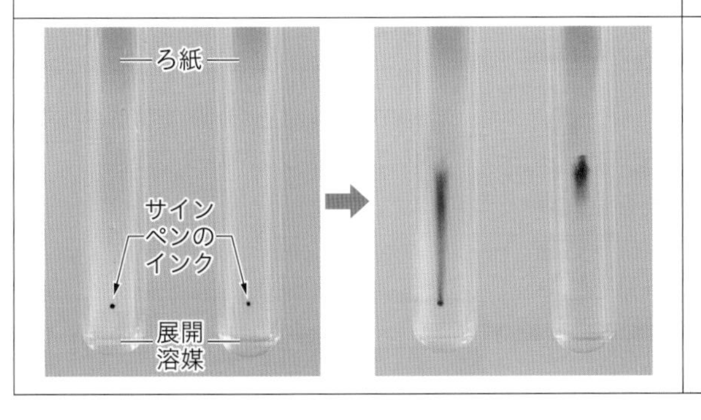
</td><td>
</td></tr>
</table>

実験　海水の蒸留

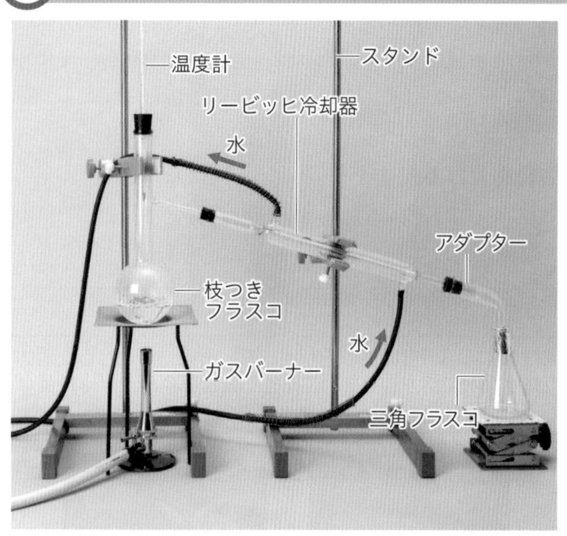

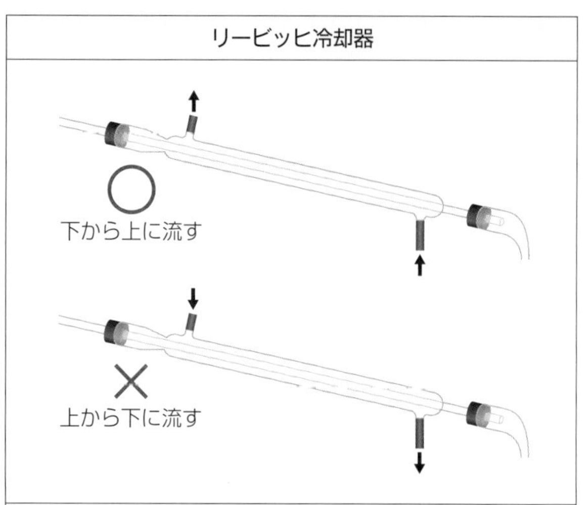

冷却水は下から上に流す。

温度計		三角フラスコ	
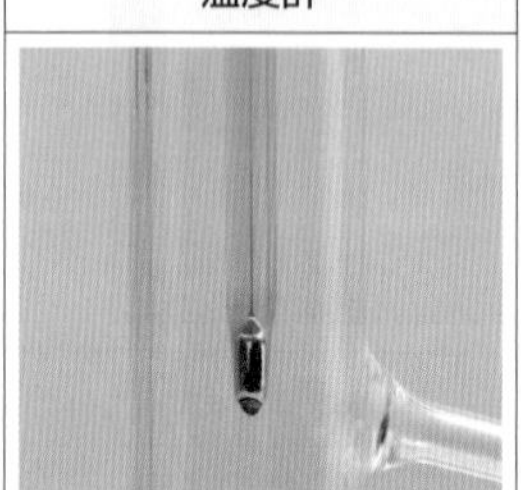	液体が気体になる温度（沸点）をはかるため，温度計の球部分は枝の位置にする。目的の物質の沸点より温度が高くなり始めたところで加熱をやめる。	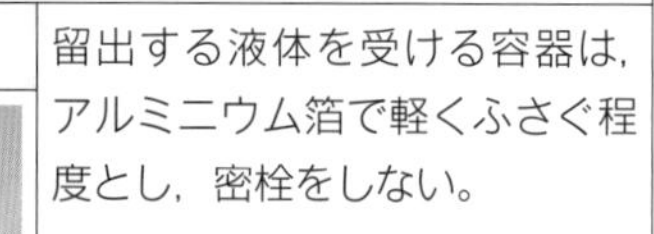	留出する液体を受ける容器は，アルミニウム箔で軽くふさぐ程度とし，密栓をしない。
沸騰石		**水浴**	
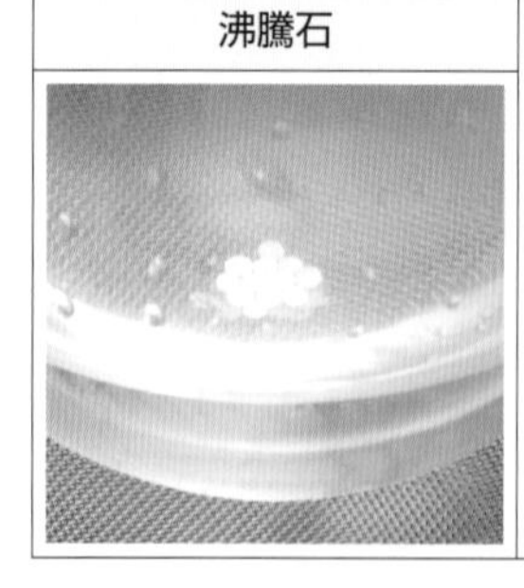	蒸留したい試料の量は，枝つきフラスコの 1/3 程度とし，急激な沸騰（突沸）を防ぐために沸騰石を入れる。		引火しやすい試料は直火で加熱しない。沸点が100 ℃より低ければ水浴で，100 ℃より高ければ油浴で加熱する。

Reference　原油の分留

常圧蒸留装置のしくみ

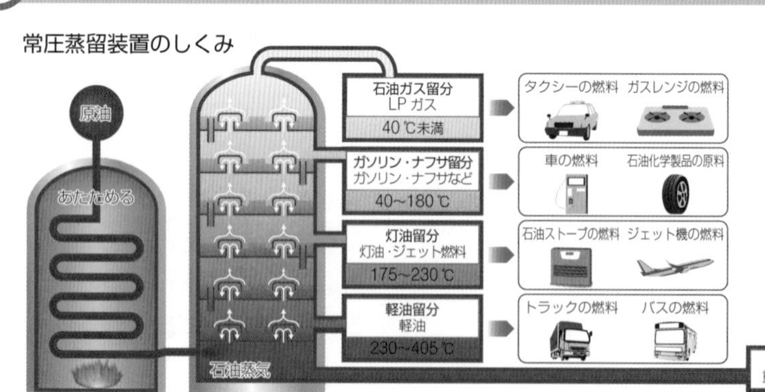

原油は沸点の異なる炭化水素（炭素と水素からなる化合物）の混合物である。何段階も蒸留して，原油を沸点の違いによって分けること（分留）で製造されているのが，ガソリンや灯油である。

Exercise

1 次の混合物の分離操作として最も適するものを，下のア～エから1つずつ選べ。

(1) 原油からガソリンを分離する。 (　　)

(2) 砂が沈んでいる水から砂を分離する。 (　　)

(3) 砂が混じっているヨウ素からヨウ素を分離する。 (　　)

(4) コーヒー豆から水に溶けやすい成分を分離する。 (　　)

ア ろ過　　イ 蒸留　　ウ 抽出　　エ 昇華法

← **1** ろ過：ろ紙を用いて沈殿と溶液を分ける。
蒸留：沸点の差を利用して分ける。
抽出：溶媒を用いて特定の成分を溶かし出す。
昇華法：固体が直接気体になる変化を利用して分ける。

2 次の実験操作について，下の問いに答えよ。

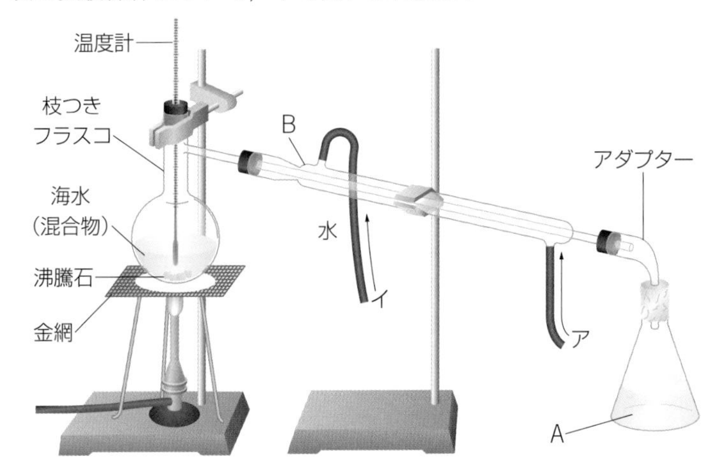

(1) A，Bの器具を何というか。

A(　　　　　　)　　B(　　　　　　)

(2) Bの器具に流す水の方向は，アとイどちらが適切か。 (　　)

(3) Aにたまる液体は何か。 (　　)

(4) 図には誤りが1か所ある。どのように修正すればよいか。

(　　　　　　　　　　　　)

← **2** (2)間違った方向から流すと，冷却の効率が悪くなってしまう。

(3)海水は，水に塩化ナトリウムなどが溶けた混合物である。

(4)蒸留の注意事項を確認しておく。

3 物質を分離する操作に関する記述として下線部が正しいものを，次のうちから一つ選べ。

(1) 溶媒に対する溶けやすさの差を利用して，混合物から特定の物質を溶媒に溶かして分離する操作を<u>抽出</u>という。

(2) 沸点の差を利用して，液体の混合物から成分を分離する操作を<u>再結晶</u>という。

(3) 固体と液体の混合物から，ろ紙などを用いて固体を分離する操作を<u>クロマトグラフィー</u>という。

(4) 不純物を含む固体を溶媒に溶かし，温度によって溶解度が異なることを利用して，より純粋な物質を析出させる操作を<u>ろ過</u>という。

(5) 固体の混合物を加熱して，固体から直接気体になる成分を冷却して分離する操作を<u>蒸留</u>という。

(　　)

← **3** 分離に利用している性質を考える。

3 単体と元素

重要事項マスター

▶ 単体と化合物

①
純物質 ─┬─ (1　　　　)…1種類の元素からなる純物質
　　　　│　　**例** 水素，酸素，銅
　　　　└─ (2　　　　)…2種類以上の元素からなる純物質
　　　　　　例 水，二酸化炭素，酸化銅

↑ 単体と化合物

▶ 元素と元素記号

② 単体や化合物を構成する基本的な成分を(3　　　　)という。

③ 元素を表すには，(4　　　　)を用いる。

▶ 同素体

④ 同じ元素の単体で性質が異なるものを互いに，(5　　　　)いう。

▶ 元素の確認

⑤ 化学反応などにより生じる水に溶けにくい固体を(6　　　　)といい，(6　　　　)が生じる化学変化を(7　　　　)という。

⑥ 金属元素を含む化合物を炎の中に入れると，その元素に特有の炎の色を示す。これを(8　　　　)という。

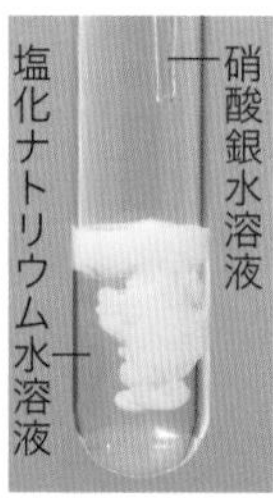

↑ 塩素の検出

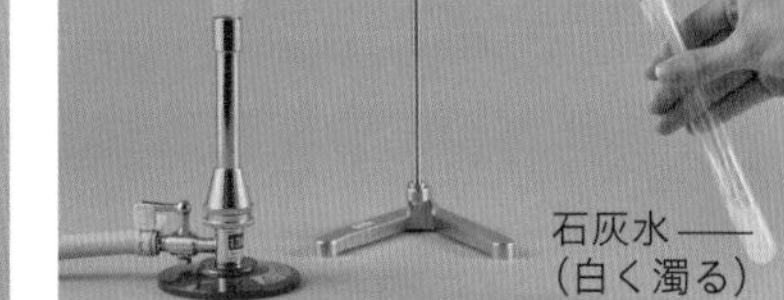

↑ 炭素の検出

Work 炎色反応

次の金属元素が示す炎色反応を線で結ぼう。

例	(1)	(2)	(3)	(4)	(5)	(6)
リチウムLi	ナトリウムNa	カルシウムCa	銅Cu	カリウムK	ストロンチウムSr	バリウムBa

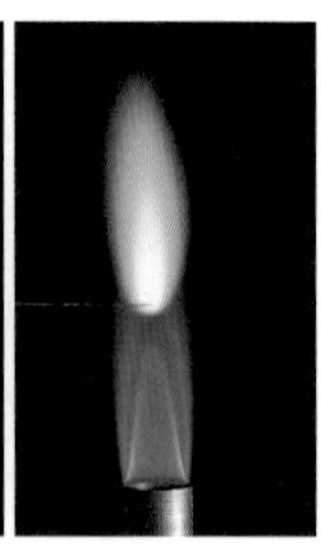

赤	黄	赤紫	橙赤(とうせき)	深赤(しんせき)	黄緑	青緑

覚え方 リアカー(Li赤) 無き(Na黄) K村(K紫)，加藤の(Ca橙) 動力(Cu緑) 馬力(Ba緑) する秋(Sr赤)

Reference 同素体

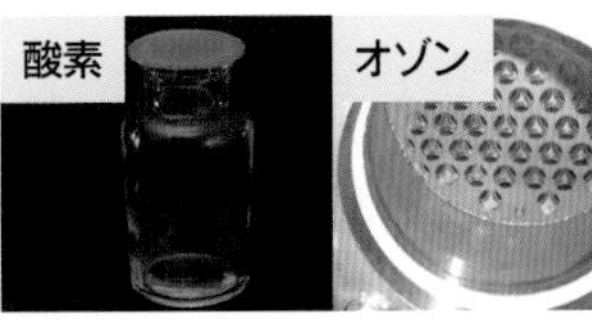

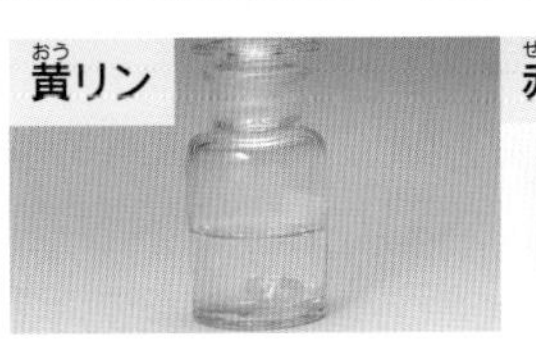

覚え方 同素体はSCOP(スコップ)で掘れ！　S：硫黄　C：炭素　O：酸素　P：リン

Exercise

1 次の物質を，単体と化合物に分けよ。

(1) 酸素　(2) 炭素　(3) 水　(4) 銀　(5) 水銀　(6) アンモニア

単体(　　　　　　　　)　化合物(　　　　　　　　)

← **1** 1種類の元素でできているものが単体である。

2 次の表の空欄に元素名または元素記号を記入して，表を完成させよ。

元素名	元素記号
水素	1
炭素	2
3	N
4	O
ナトリウム	5

元素名	元素記号
マグネシウム	6
アルミニウム	7
8	S
9	Cl
アルゴン	10

元素名	元素記号
カルシウム	11
銅	12
13	Fe
14	Ag
亜鉛	15

3 次の物質の組み合わせのうち，互いに同素体の関係にあるものを2つ選べ。

(1) 酸素とオゾン

(2) 塩化水素と塩酸

(3) 黒鉛とダイヤモンド

(4) 一酸化炭素と二酸化炭素　　(　　　)(　　　)

← **3** 同素体の覚え方
「同素体はSCOP（スコップ）で掘れ」
S：硫黄
C：炭素
O：酸素
P：リン

4 次の文で，下線部が単体でなく，元素の意味に用いられているものを1つ選べ。

(1) アルミニウムはボーキサイトを原料としてつくられる。

(2) アンモニアは窒素と水素から合成される。

(3) 競技の優勝者に金のメダルが与えられた。

(4) 負傷者が酸素吸入を受けながら，救急車で運ばれていった。

(5) カルシウムは歯や骨に多く含まれている。　　(　　　)

← **4** 元素：単体や化合物を構成する要素。
単体：実際に存在する物質そのもの。

4 状態変化と熱運動

重要事項マスター

▶ 物質の三態と状態変化

① 物質は温度によって固体・液体・気体に変わる。この3つの状態を(1　　　　)という。

② 気体・液体・固体の三態の間の変化を(2　　　　)という。

③

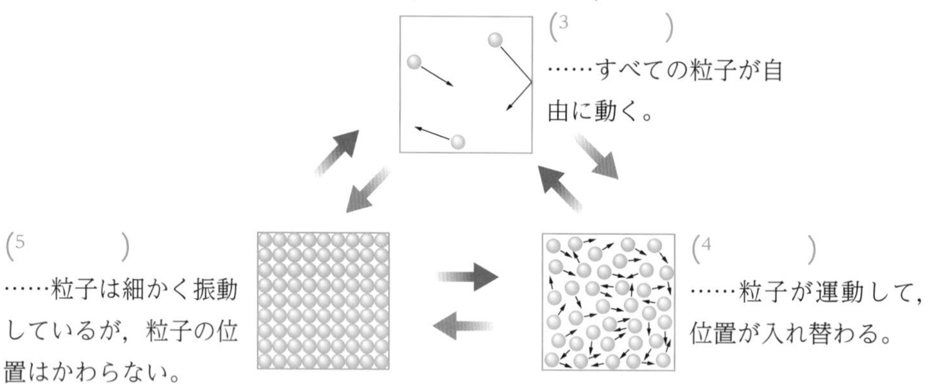

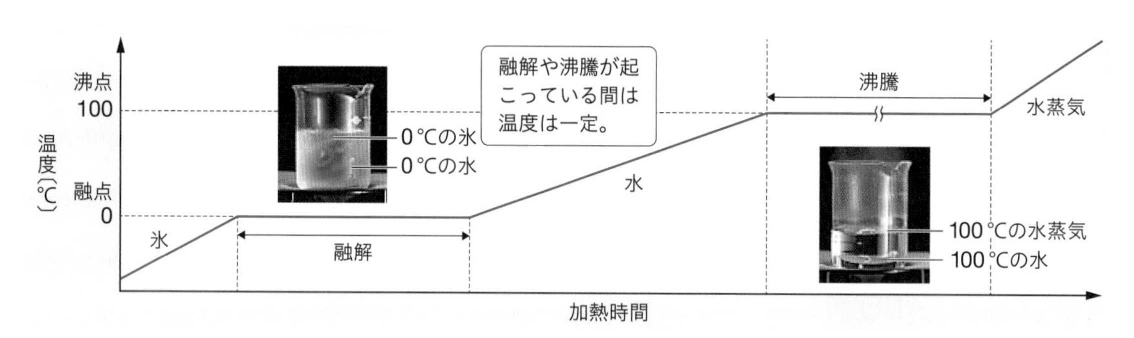

④ 氷を加熱すると0℃で水に変化する。固体の物質が液体に状態変化する温度を(6　　　　)という。

⑤ 水を加熱すると100℃で沸騰して水蒸気に変化する。液体の物質が沸騰する温度を(7　　　　)という。

▶ 粒子の熱運動と温度

⑥ 物質を構成している粒子がつねにしている不規則な運動を(8　　　　)という。

⑦ 粒子の熱運動の激しさを表す量を(9　　　　)という。

Work 三態のモデルと状態変化

次の(　　)に状態変化の名称を書き，図を完成させよう。

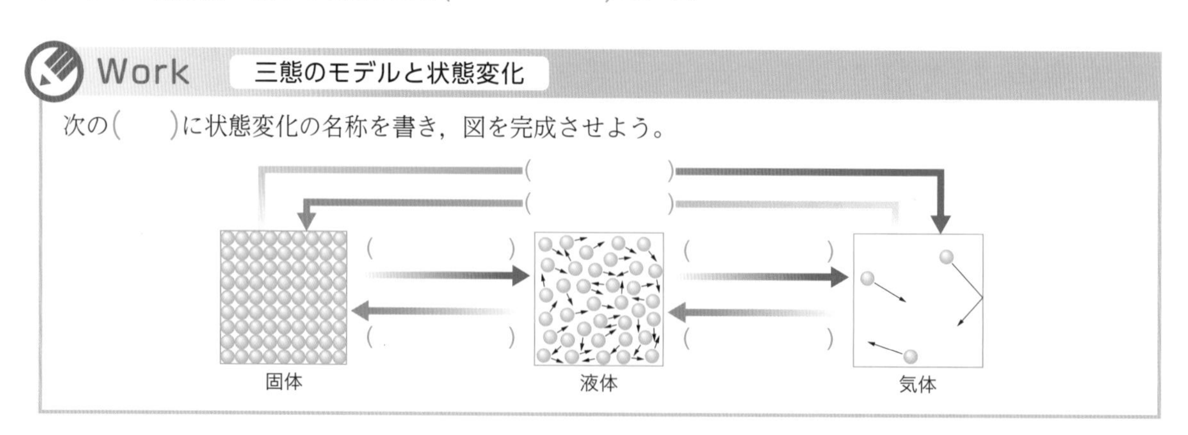

Reference いろいろな温度

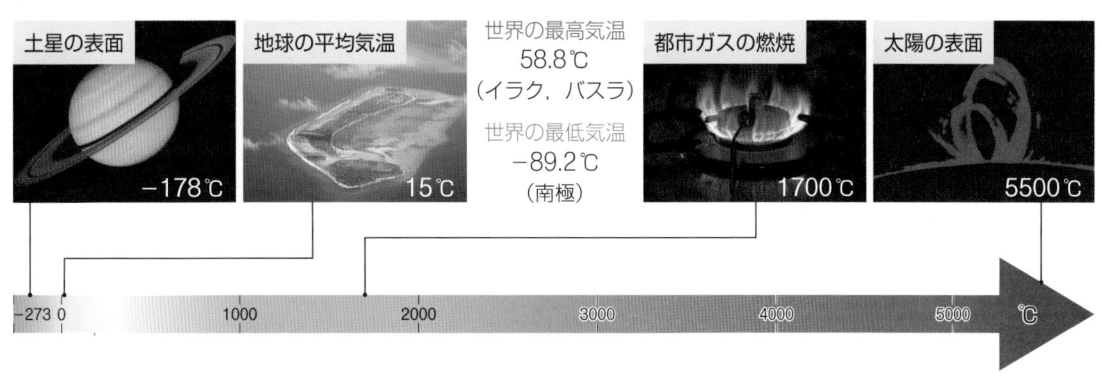

セ氏温度は，水が凍る温度を0℃，沸騰する温度を100℃とし，その間を100等分したものである。

Exercise

1 次の現象は，下の状態変化のいずれに相当するか，(　　)内に記せ。

融解　凝固　蒸発　凝縮　昇華

(1) ぬれた洗濯物を外に干したら乾いた。(　　　)

(2) 上空の雪が，降ってくる途中で雨に変わった。(　　　)

(3) 水を冷凍庫にいれて氷にした。(　　　)

(4) 防虫剤はタンスに入れておくと，やがてなくなってしまう。(　　　)

(5) 外から暖かい部屋に入ったら，メガネがくもった。(　　　)

← **1** 三態の何から何に変化したかを考える。

2 図は1013 hPaのもとで−10℃の氷に熱を与え続けていったときの加熱時間と温度の関係をまとめたものである。次の問いに答えよ。

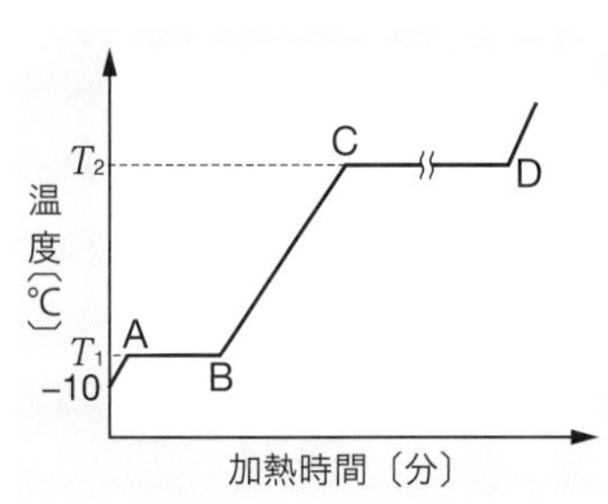

(1) T_1およびT_2の温度をそれぞれ何とよぶか。

T_1(　　　)　T_2(　　　)

(2) AB間，CD間の水の状態として適するものを，ア～オよりそれぞれ選べ。

AB間(　　　)　CD間(　　　)

ア　固体　イ　固体と液体　ウ　液体
エ　液体と気体　オ　気体

← **2** 状態変化が起こるとき，温度が一定になる。

3 1種類の分子のみからなる物質の大気圧下での三態に関する記述として誤りを含むものを次のうちから1つ選べ。

(1) 気体の状態より液体の状態のほうが分子間の平均距離は短い。

(2) 液体中の分子は熱運動によって相互の位置をかえている。

(3) 大気圧が変わっても沸点は変化しない。

(4) 固体を加熱すると，液体を経ないで直接気体に変化するものがある。

(5) 液体の表面ではつねに蒸発が起こっている。(　　　)

← **3** 地上と富士山の山頂では沸点が異なる。

1　原子

重要事項マスター

原子の構造

①

原子 ─┬─ 原子核 ─┬─ (1　　　　　) …正の電気をもつ
　　　│　　　　　└─ (2　　　　　) …電気をもたない
　　　└──────── (3　　　　　) …負の電気をもつ

② 粒子がもつ電気の量を(4　　　　　)という。

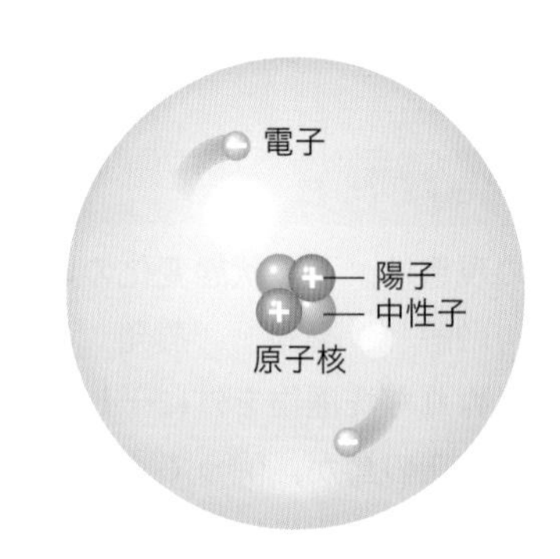

原子番号

③ 陽子の数は，それぞれの元素によって決まっている。原子核中の陽子の数を(5　　　　　)という。原子は，全体では電気をもっていないので，陽子の数と電子の数は等しい。

質量数

④ 陽子の数と中性子の数の和を，(6　　　　　)という。電子の質量は陽子や中性子より非常に小さいため，原子の質量は，(6　　　　　)によってほぼ決まる。

同位体

⑤ 原子番号(＝陽子の数)は等しいが，中性子の数が異なるために質量数が異なる原子を互いに(9　　　　　)という。

⑥ 原子核が不安定で，放射線を出して別の物質に変わるような(9　　　　　)を(10　　　　　　　　)といい，その数がもとの半分になるまでの時間を，(11　　　　　)という。

Work　原子の構造

次の(　　)にあてはまる語句を語群から選んで図を完成させよう。

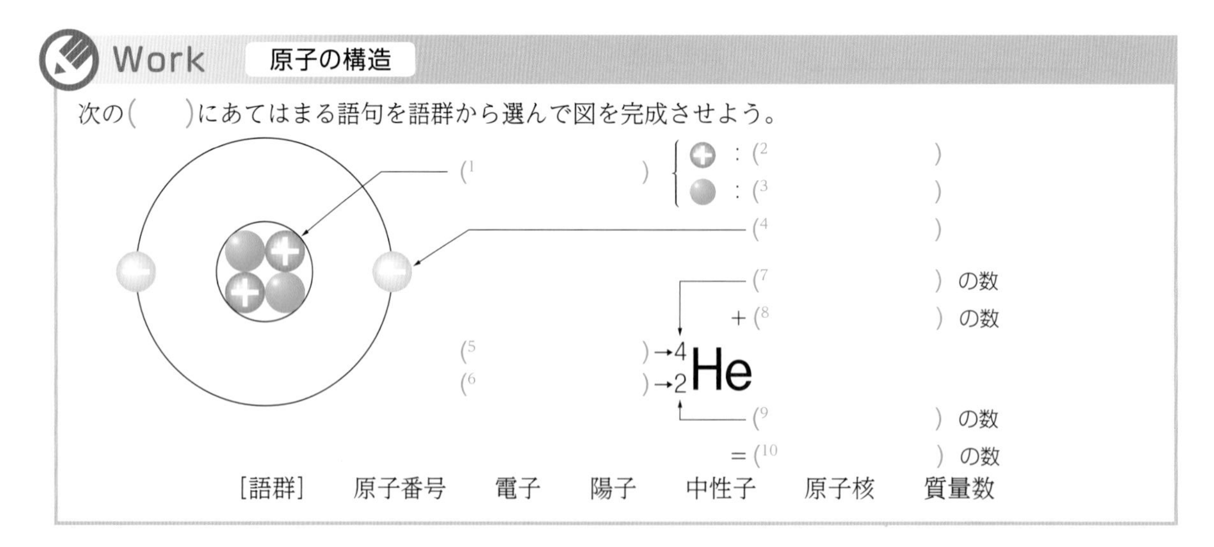

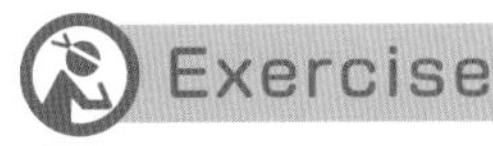

Exercise

1 水素以外の原子に関する記述として**誤りを含むもの**を，次のうちから一つ選べ。

(1) 原子は，原子核と電子から構成される。

(2) 原子核は，陽子と中性子から構成される。

(3) 原子核の大きさは，原子の大きさに比べてきわめて小さい。

(4) 原子番号と質量数は等しい。

(5) 原子番号が同じで中性子の数が異なる原子どうしは，互いに同位体である。

（　　　）

← **1** ^{1}Hは中性子をもたない。

2 次の空欄に適する数字を記入せよ。

原子	原子番号	電子の数	陽子の数	質量数	中性子の数
$^{1}_{1}$H	1	2	3	4	5
$^{2}_{1}$H	6	7	8	9	10
$^{35}_{17}$Cl	11	12	13	14	15
$^{37}_{17}$Cl	16	17	18	19	20
$^{65}_{29}$Cu	21	22	23	24	25

← **2** $^{4}_{2}$He
-2
2 ←中性子の数

3 次の問いに答えよ。

(1) 次の文中の(　　)のうち，適切な語句を選べ。

炭素には，天然に存在するものとしておもに^{12}Cと^{13}Cがある。そのほかごくわずかに^{14}Cが存在する。^{14}Cは宇宙からの放射線によって大気中で生成される。また^{14}Cは不安定な原子であり，放射線を出して別の元素の原子に変化する。大気中では，^{14}Cが生じる量と壊れる量がつりあっているため，大気中の^{14}Cは一定の割合で存在する。生きている植物中での^{14}Cの割合は(1 増加する・一定である・減少する)。しかし，植物が枯れると外から^{14}Cの取り込みがなくなるため，^{14}Cの割合は(2 増加する・一定である・減少する)。

(2) ^{14}Cがもとの量の半分になる時間のことを半減期という。^{14}Cの半減期は5730年である。ある遺跡で発見された木片の^{14}Cの割合が現代の木の^{14}Cの割合と比べると$\frac{1}{8}$であった。このとき，この遺跡は何年前のものであるか。

（　　　　　）

← **3** (2) $\frac{1}{8}$は$\frac{1}{2}$が何回起こったかを考える。

2 電子配置とイオン

重要事項マスター

▶ 電子配置

① 原子核のまわりをまわっている電子の道すじを(1　　　　　)という。

② 最も外側の電子殻にある電子を(2　　　　　　　)という。原子が結合をつくるときに重要な働きをするため，(3　　　　　　　)ともいう。

電子殻のよび方 → M殻 L殻 K殻
原子核
電子殻
(4　　)
(5　　)
(6　　) ← 電子の最大数

▶ 安定な電子配置

③ 最外殻電子の数が，K殻で(7　　　)個，他の電子殻なら(8　　　)個のとき安定な電子配置となる。このような電子配置をもつヘリウム(9元素記号　　),ネオン(10　　　　),アルゴン(11　　　　)などは結合しにくい気体で(12　　　　　　)とよばれる。

④ 貴ガス以外の原子は，(13　　　　　　　　)をやりとりして,貴ガスと同じ電子配置をとることがある。この粒子を(14　　　　　　)という。

⑤ 原子が(15　　　　　)を失うことで生成する正の電荷をもったイオンを(16　　　　　　　)という。また，原子が(17　　　　　)を受け取ることで生成する負の電荷をもったイオンを(18　　　　　　　　)という。

ナトリウム原子　電子　ナトリウムイオン

$Na \longrightarrow e^- + Na^+$

↑ 陽イオンの生成

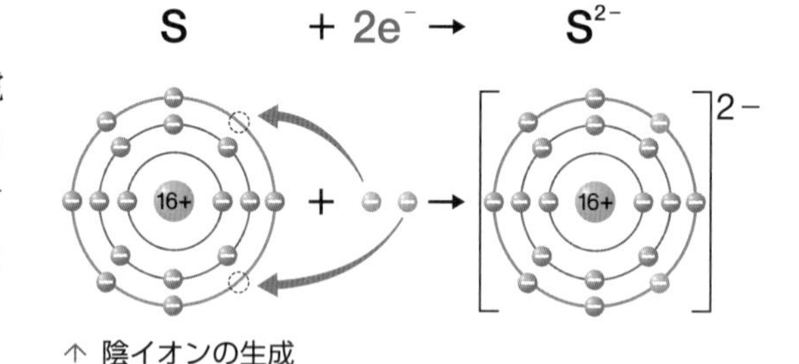

↑ 陰イオンの生成

▶ イオンの価数とイオンの化学式

⑥ イオンの電荷は，やりとりする電子の数で表す。この数をイオンの価数といい，価数が1，2，…のことを1価，(19　　　　　)，…という。イオンは，元素記号の右上にイオンの価数と正負の符号を書いて表す。

イオンは，元素記号の右上にイオンの価数と正負の符号を書いて表す。

例 ○Cl^-　×Cl^{1-}　×Cl−　×O^{-2}

1は書かない　右上に書く　数字が前

価数	陽イオン	化学式	陰イオン	化学式
1価	カリウムイオン ナトリウムイオン アンモニウムイオン	K^+ Na^+ NH_4^+	塩化物イオン 水酸化物イオン 硝酸イオン	Cl^- OH^- NO_3^-
2価	カルシウムイオン 銅(Ⅱ)イオン 鉄(Ⅱ)イオン*	Ca^{2+} Cu^{2+} Fe^{2+}	酸化物イオン 硫酸イオン 炭酸イオン	O^{2-} SO_4^{2-} CO_3^{2-}
3価	アルミニウムイオン 鉄(Ⅲ)イオン*	Al^{3+} Fe^{3+}	リン酸イオン	PO_4^{3-}

*同じ元素の単原子イオンで，価数が異なるものは，(　)内にローマ数字で価数を書いて区別する。

▶ 単原子イオンと多原子イオン

⑦ ナトリウムイオンNa^+や硫化物イオンS^{2-}は1個の原子が電子をやりとりしてできたイオンである。このようなイオンを(20　　　　　　　　)という。水酸化物イオンOH^-や硫酸イオンSO_4^{2-}のように2個以上の原子からできているイオンを(21　　　　　　　　)という。

Work 電子配置

表に，HとHeのように電子を○で，価電子を●で記入してみよう。また，同じ縦の列(同じ族)では価電子がいくつか調べ，価電子の数を(　　)内に記入しよう。

周期＼族	1	2	13	14	15	16	17	18
1 最外殻 K殻	$_1$H (1+)							$_2$He (2+)
2 最外殻 L殻	$_3$Li (3+)	$_4$Be (4+)	$_5$B (5+)	$_6$C (6+)	$_7$N (7+)	$_8$O (8+)	$_9$F (9+)	$_{10}$Ne (10+)
3 最外殻 M殻	$_{11}$Na (11+)	$_{12}$Mg (12+)	$_{13}$Al (13+)	$_{14}$Si (14+)	$_{15}$P (15+)	$_{16}$S (16+)	$_{17}$Cl (17+)	$_{18}$Ar (18+)
価電子	(　　)	(　　)	(　　)	(　　)	(　　)	(　　)	(　　)	0

Exercise

1 次の文の(　　)に，適する語句を入れよ。

原子中の電子は，電子殻に分かれて原子核のまわりをまわっている。電子殻は内側から順に(　　)殻，(　　)殻，(　　)殻，などとよばれる。

最も外側の電子殻にある電子は(　　　　　　)電子とよばれて，結合するときに重要な役割をはたすことがある。

←**1**

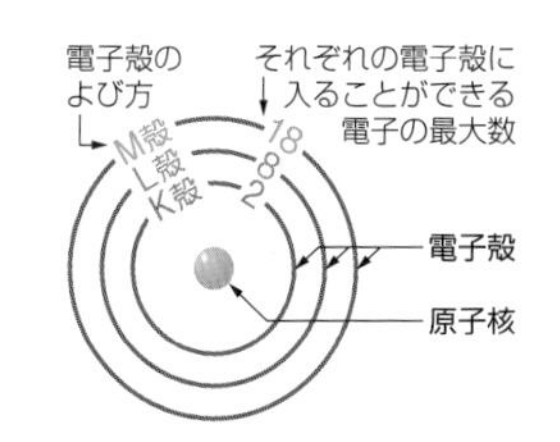

2 次に示す原子の原子番号と元素記号を答えよ。

原子	K殻	L殻	M殻
1	1	0	0
2	2	0	0
3	2	5	0
4	2	6	0
$_{11}$Na	2	8	1
5	2	8	3
6	2	8	7

←**2**

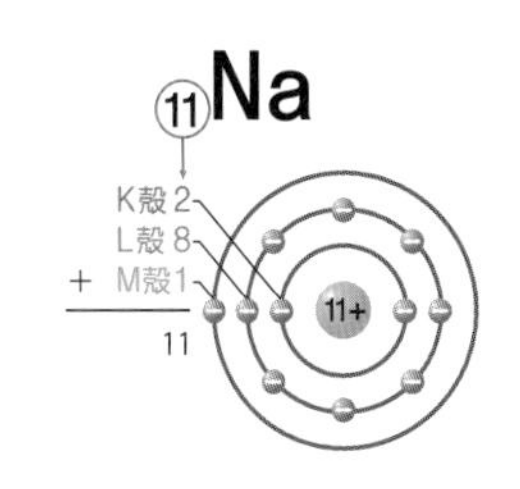

原子番号＝電子の数

3 次のイオンのうち，ネオン原子Neと同じ電子配置をもつものをすべて選べ。

(1) ナトリウムイオン　(2) 塩化物イオン
(3) 酸化物イオン　(4) リチウムイオン　(　　　　)

←**3** イオンは最も近い貴ガスと同じ電子配置になる。

H　　　　　　　He
(Li) Be B C N (O) F Ne
(Na) Mg Al Si P S (Cl) Ar

Work　イオンの生成

マグネシウム原子からマグネシウムイオンの生成の図を書いてみよう。

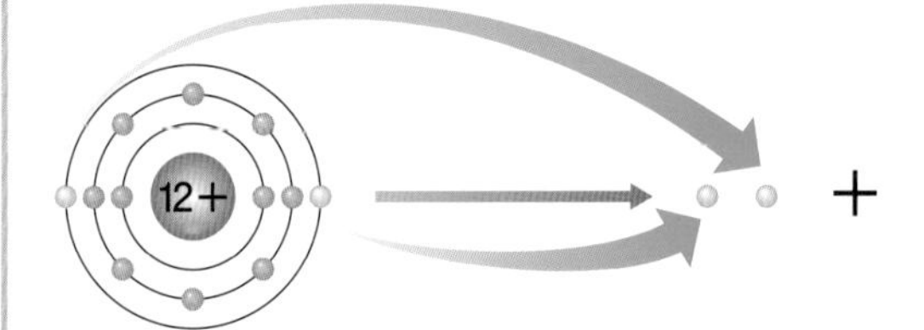

マグネシウム原子

Mg $\longrightarrow$ $2e^-$ ＋ Mg^{2+}

塩素原子から塩化物イオンの生成の図を書いてみよう。

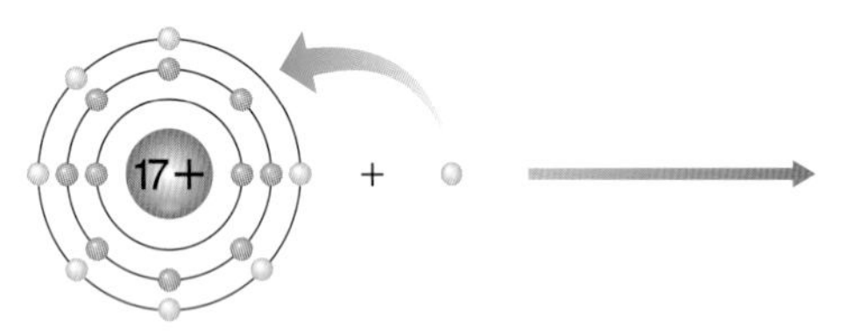

塩素原子　　電子

Cl ＋ e^- $\longrightarrow$ Cl^-

Exercise

4 次の(ア)～(カ)の電子配置をもつ原子について下の問いに答えよ。

← **4** 原子番号＝電子の数

(ア)

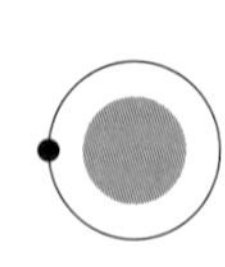

(イ)

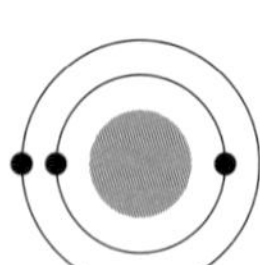

(ウ)

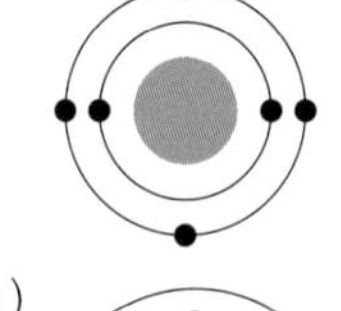

(エ)

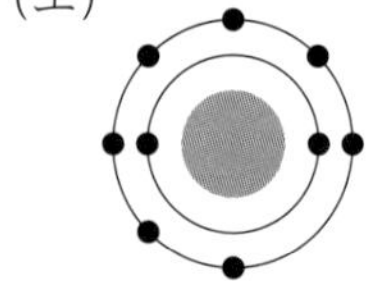

(オ)

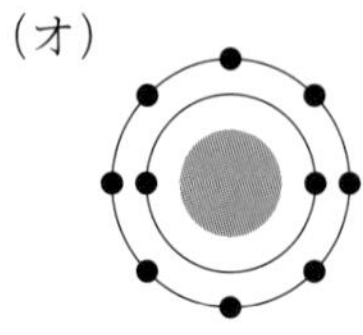

(カ)

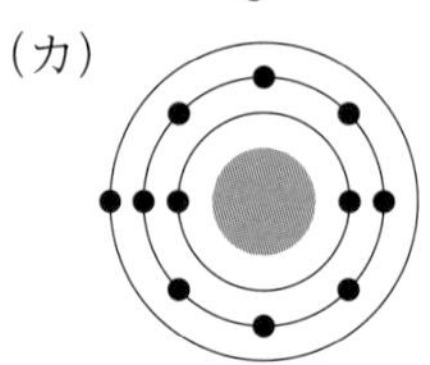

(1) (ア)～(カ)の各原子の名称を答えよ。

(ア　　　　　　　　) (イ　　　　　　　　)
(ウ　　　　　　　　) (エ　　　　　　　　)
(オ　　　　　　　　) (カ　　　　　　　　)

(2) (ア)～(カ)の各原子の最外殻電子はいくつか。

(ア　　　　) (イ　　　　) (ウ　　　　)
(エ　　　　) (オ　　　　) (カ　　　　)

(3) $_{17}Cl$，$_{20}Ca$ について，電子配置を同様の図で示せ。

Exercise

5 次の8つの原子のうちから，下の(1)~(4)にあてはまるものを，それぞれすべて選べ。

$_{8}O$　$_{9}F$　$_{11}Na$　$_{12}Mg$　$_{16}S$　$_{17}Cl$　$_{19}K$　$_{20}Ca$

(1) 陽イオンになると，Neと同じ電子配置になるもの。（　　　）
(2) 陽イオンになると，Arと同じ電子配置になるもの。（　　　）
(3) 陰イオンになると，Neと同じ電子配置になるもの。（　　　）
(4) 陰イオンになると，Arと同じ電子配置になるもの。（　　　）

←**5** 原子が陽イオンまたは陰イオンになるとき，原子番号の近い貴ガス原子と同じ電子配置をとる。

6 ネオンと同じ電子配置をもつイオンを，次のうちから一つ選べ。

① Be^{2+}　② Mg^{2+}　③ K^{+}　④ Cl^{-}　⑤ S^{2-}

（　　　）

7 原子やイオンの電子配置に関連する記述として**誤りを含むもの**を，次のうちから一つ選べ。

① ナトリウム原子のK殻には，2個の電子が入っている。
② マグネシウム原子のM殻には，2個の電子が入っている。
③ リチウムイオン(Li^{+})とヘリウム原子の電子配置は同じである。
④ カルシウムイオン(Ca^{2+})とアルゴン原子の電子配置は同じである。
⑤ フッ素原子は，6個の価電子をもつ。
⑥ ケイ素原子は，4個の価電子をもつ。

（　　　）

Work　イオンの名称と化学式

イオンの名称を記入して表を完成させよう。

	陽イオン	化学式	陰イオン	化学式
1価	1	K^{+}	9	Cl^{-}
	2	Na^{+}	10	OH^{-}
	3	NH_4^{+}	11	NO_3^{-}
2価	4	Ca^{2+}	12	O^{2-}
	5	Cu^{2+}	13	SO_4^{2-}
	6	Fe^{2+}	14	CO_3^{2-}
3価	7	Al^{3+}	15	PO_4^{3-}
	8	Fe^{3+}		

3 周期表

重要事項マスター

周期表

① 元素を原子番号順に並べ，性質の似た元素が同じ縦の列に並ぶように配列した表を(1　　　　)という。(1　　　　)の縦の列を(2　　　　)，横の行を(3　　　　)という。

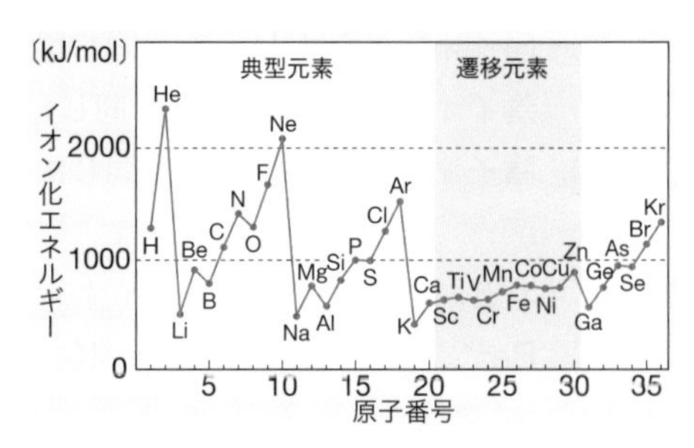

↑ イオン化エネルギー

イオン化エネルギー

② 気体状態の原子を1価の陽イオンにするのに必要なエネルギーを，その原子の(4　　　　)という。

元素の分類と電子配置

③ 単体が金属である元素を(5　　　　)，金属元素以外の元素を(6　　　　)という。

④ 周期表の1族，2族および13族から18族までの元素を(7　　　　)，3族から12族までの元素を(8　　　　)という。

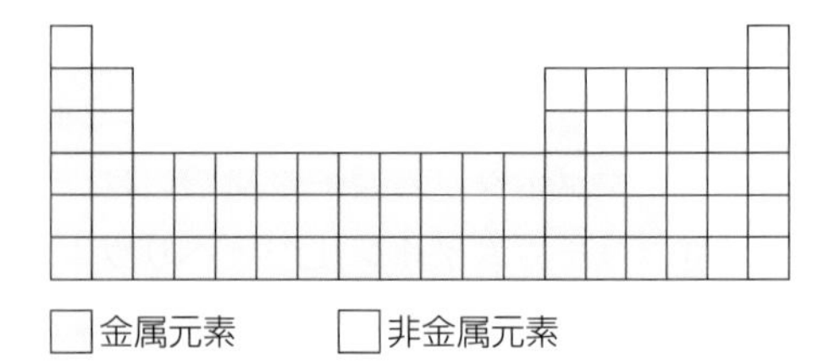

□金属元素　□非金属元素

↑ 金属元素と非金属元素

Work 周期表

周期表について下の問いをやってみよう。

	1	2	13	14	15	16	17	18
1	水素 1							ヘリウム 2
2	リチウム 3	ベリリウム 4	ホウ素 5	炭素 6	窒素 7	酸素 8	フッ素 9	ネオン 10
3	ナトリウム 11	マグネシウム 12	アルミニウム 13	ケイ素 14	リン 15	硫黄 16	塩素 17	アルゴン 18

(1) 周期表中にそれぞれの元素の元素記号を書き入れよ。

(2) 周期表の中で，アルカリ金属とよばれる元素をすべて○で囲め。

(3) 周期表の中で，ハロゲンとよばれる元素をすべて□で囲め。

(4) 周期表の中で，貴ガスとよばれる元素をすべて△で囲め。

Exercise

1 元素の周期表について，次のうちから正しいものを一つ選べ。

(1) 周期表の1族，2族は典型元素である。

(2) 17族の元素は，1価の陽イオンになりやすい。

(3) 金属はすべて遷移元素である。

(4) 18族の元素は，まとめてハロゲンとよばれる。

( )

2 次の図のうち，原子番号とイオン化エネルギー，価電子の数の関係を表すものをそれぞれ選べ。

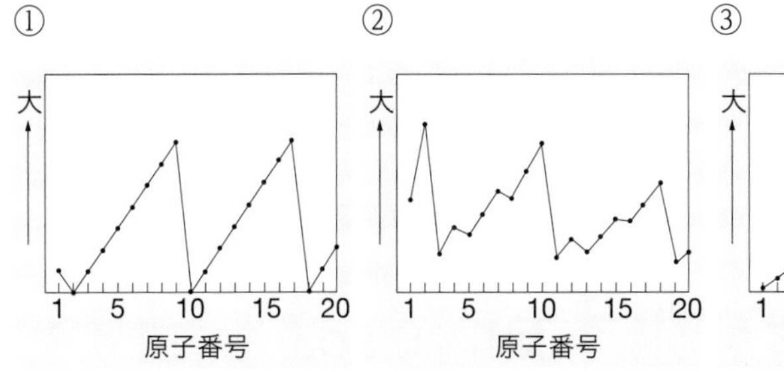

イオン化エネルギー ( )

価電子の数 ( )

← **2** 最小・最大になっている原子番号に注目する。

3 次の文章にあてはまる元素を，下の周期表のなかの①～④からそれぞれ選べ。

(1) 1価の陽イオンになりやすく，炎色反応は黄色を示す。( )

(2) 貴ガスに分類され，イオン化エネルギーはすべての元素のなかで最大である。 ( )

(3) 黄緑色の気体であり，このイオンと銀イオンが反応すると白色の沈殿が生じる。 ( )

(4) 黒鉛やダイヤモンドなどの同素体をもつ。 ( )

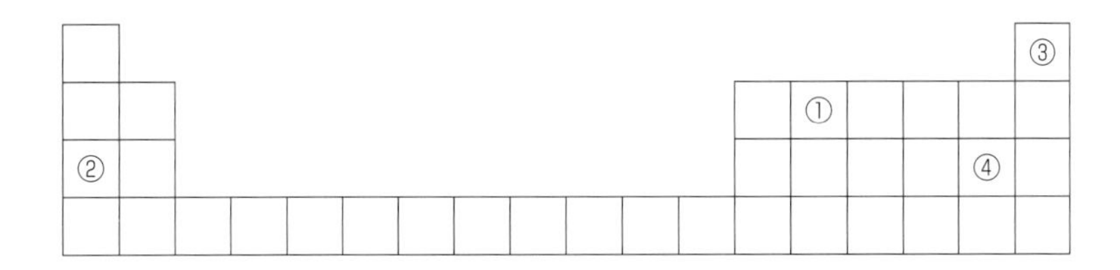

← **3** 1族 アルカリ金属
2族 アルカリ土類金属
17族 ハロゲン
18族 貴ガス
それぞれの族の性質を理解しよう。

1 イオン結合

重要事項マスター

▶ イオン結合

① 陽イオンと陰イオンは，静電気的な引力((1　　　　)力)で結合する。このような結合を(2　　　　)という。

② イオンからなる物質を表す場合には，成分元素の種類と数を比で示した(3　　　　)を使う。

▶ 組成式の書き方

1	陽イオン，陰イオンの順に元素記号を書く。
2	イオンの数の比を求める。 陽イオンの(4　　　　)×陽イオンの数 ＝陰イオンの(4　　　　)×陰イオンの数
3	イオンの数を最も簡単な整数の比にしてそれぞれの元素記号の(5　　　　)に書く。

《読み方》　(6　　　　)イオン，(7　　　　)イオンの順に名称を読む(各イオンの名称から不必要な部分は省略する)。

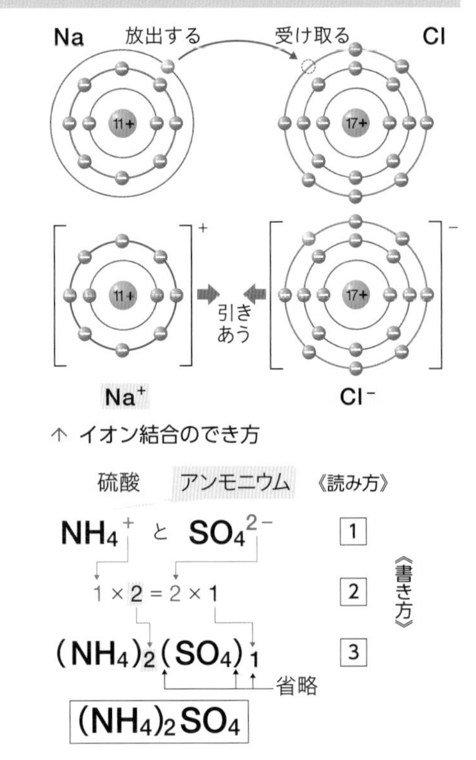

↑ イオン結合のでき方

↑ 組成式のつくり方

Exercise

1 次のイオンの組み合わせでできる物質の組成式と名称を書け。

イオン	組成式	名称
Mg^{2+} と O^{2-}	1	2
Al^{3+} と Cl^-	3	4
Na^+ と $CO_3{}^{2-}$	5	6
Ca^{2+} と OH^-	7	8

← 1 名称は，陰イオン名＋陽イオン名として，両者の「イオン」を消す。ただし，「～化物イオン」の場合は「物イオン」を消す。

2 次の化合物の組成式を書け。

化合物	組成式
塩化カリウム	1
酸化アルミニウム	2
水酸化アルミニウム	3
硫酸カルシウム	4
塩化アンモニウム	5

← 2 イオンの化学式
カリウムイオン K^+
アルミニウムイオン Al^{3+}
カルシウムイオン Ca^{2+}
アンモニウムイオン $NH_4{}^+$
塩化物イオン Cl^-
酸化物イオン O^{2-}
水酸化物イオン OH^-
硫酸イオン $SO_4{}^{2-}$

2　イオン結晶

重要事項マスター

▶ イオン結晶の性質

① イオン結合はかなり強い結合なので，イオン結晶の融点は(1　　　　)。

② イオン結晶は，一般に水に溶け(2　　　　)。

③ 水に溶けると陽イオンと陰イオンに分かれることを(3　　　　)という。

固体	イオンは電荷をもっているが，結晶(固体)の状態では自由に移動できないので電気を(4 通す・通さない)。
液体	イオン結晶を加熱して液体の状態にすると，イオンが移動できるようになり，電気を(5 通す・通さない)。
水溶液	水溶液中ではイオンが自由に移動できるので電気を(6 通す・通さない)。

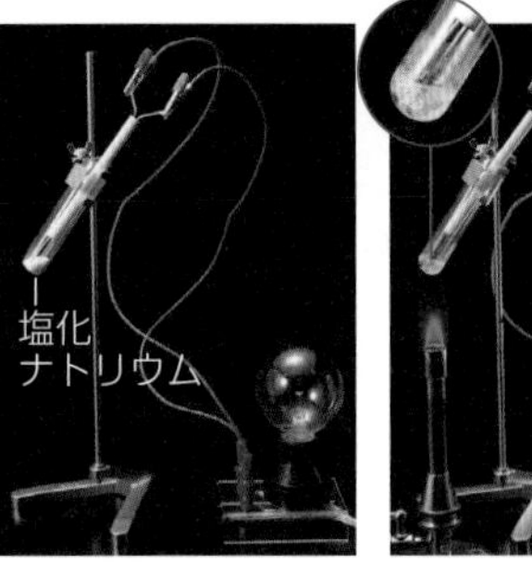

↑ 固体　　↑ 液体

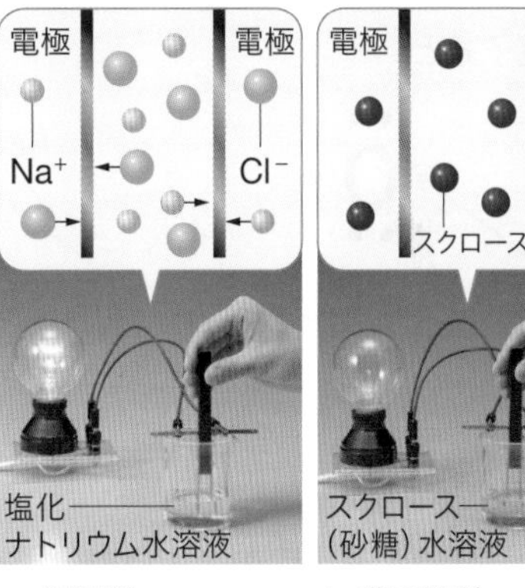

↑ 電解質　　↑ 非電解質

▶ 電解質と非電解質

④ 水溶液が電気を通す物質を(7　　　　)といい，通さない物質を(8　　　　)という。

Exercise

1 次の記述に適する語句を(　　)内に書け。

(1) 正や負の電荷をもった粒子が構成成分となってできた結晶。　(　　　　)

(2) 上記(1)の構成粒子間の結合。　(　　　　)

(3) 水に溶けて陽イオンと陰イオンに分かれること。　(　　　　)

(4) 水溶液が電気を通す物質。　(　　　　)

(5) 水溶液が電気を通さない物質。　(　　　　)

← **1** 陽イオンと陰イオンは電気的な引力により結合する。

2 次の文に適する語句や化学式を書け。

(1) 硫酸銅(Ⅱ) $CuSO_4$ が，水溶液中で(　　　　)して生じるイオンを化学式で書くと，陽イオンは(　　　　)，陰イオンは(　　　　)である。

(2) イオン結晶は(　　　　)の状態では電気を通さないが，融解した(　　　　)の状態では電気を通す。これはイオンが自由に(　　　　)できるためである。

← **2** イオン結晶が水に溶けると，陽イオン，陰イオンに分かれる。

1 分子と共有結合

重要事項マスター

共有結合

① いくつかの原子がひとまとまりになった粒子を（1　　　　）という。

② 原子が最外殻電子を共有して，貴ガスの原子と同じ電子配置をとることにより結びつく結合を（2　　　　）という。

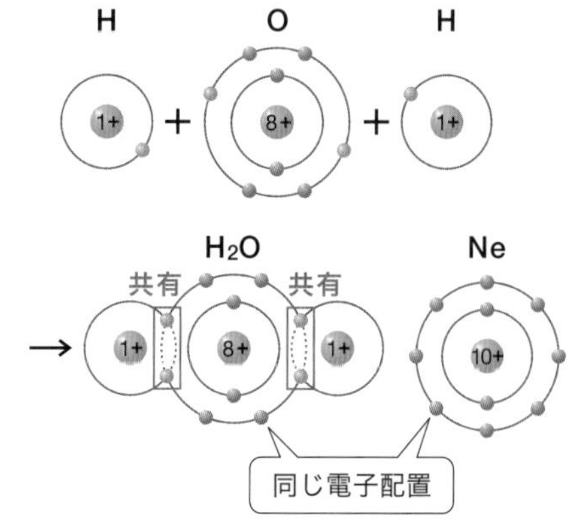

↑ 共有結合のでき方

電子式

③ 元素記号のまわりに最外殻電子を点で表したものを電子式という。

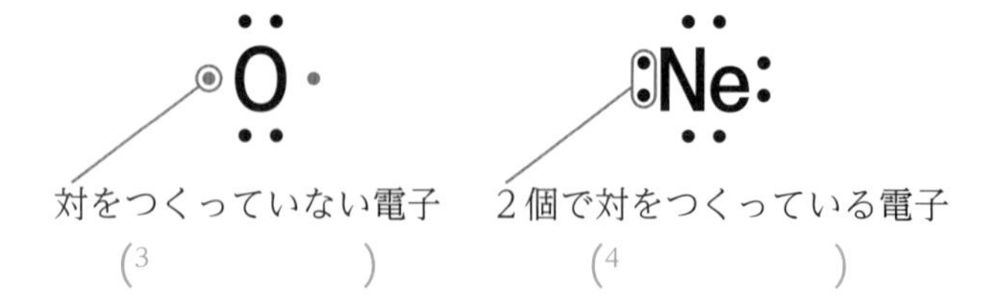

（3　　　　）　（4　　　　）

分子式と構造式

④ 元素記号と原子の数を用いて分子を表す式を（5　　　　）という。

⑤ 分子を価標を用いて表した式を（6　　　　）という。1個の原子から出ている価標の数を，その原子の（7　　　　）という。

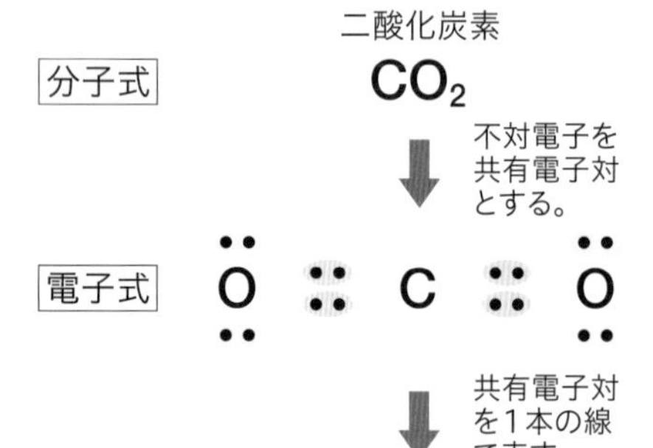

↑ 分子式・電子式・構造式

（8　　　　）	2個の原子が1個ずつ不対電子を出しあった共有結合。（9　　　　）本の線で表す。	H−H
（10　　　　）	2個の原子が2個ずつ不対電子を出しあった共有結合。（11　　　　）本の線で表す。	O=C=O
（12　　　　）	2個の原子が3個ずつ不対電子を出しあった共有結合。（13　　　　）本の線で表す。	H−C≡C−H

⑥ 組成式，分子式，構造式は，いずれも物質を元素記号によって表したものであり，これらをまとめて（14　　　　）という。

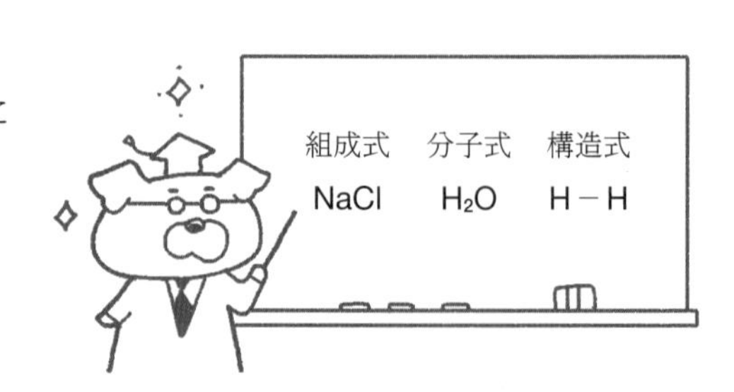

分子式・電子式・構造式・分子の形

分子	水素	水	アンモニア	メタン	二酸化炭素	窒素
分子式	H_2	H_2O	NH_3	CH_4	CO_2	N_2
電子式	H:H	H:Ö:H	H:N̈:H H	H H:C:H H	Ö::C::Ö	:N⋮⋮N:
構造式	H−H	H−O−H	H−N−H │ H	H │ H−C−H │ H	O=C=O	N≡N
分子の形	直線形	折れ線形	三角錐(すい)形	正四面体形	直線形	直線形

共有電子対と非共有電子対

⑦ 共有結合によって原子間につくられた電子対を(15 　　　　)という。一方，初めから電子対になっていて，原子間に共有されていない電子対を(16 　　　　)という。

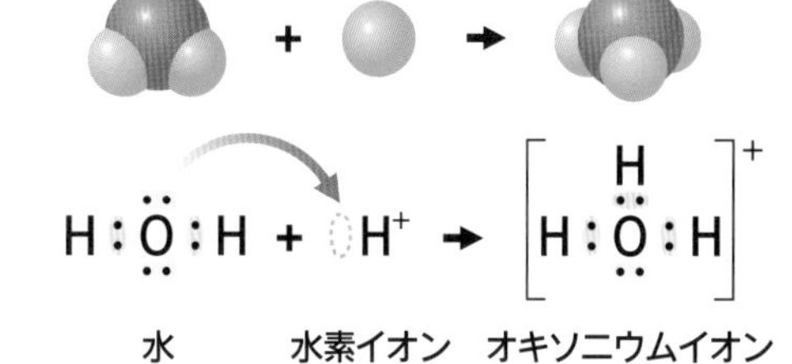

↑ 配位結合のでき方

配位結合

⑧ 共有結合のうち，一方の原子が非共有電子対を提供してできるものを特に(17 　　　　)という。

Exercise

1 次の分子の電子式と構造式を書け。

分子	電子式	構造式
H_2O	1	2
NH_3	3	4
CH_4	5	6
HCl	7	8
CO_2	9	10
N_2	11	12

← **1** 原子の種類によって原子価は決まっている。
水素　1価
炭素　4価
窒素　3価
酸素　2価
塩素　1価

2　分子の極性

重要事項マスター

電気陰性度

① 共有結合している原子が共有電子対を引きよせる強さを表した数値を，(1　　　　　)という。この値が大きい元素の原子ほど，共有電子対を引きよせる力が(2強い・弱い)。

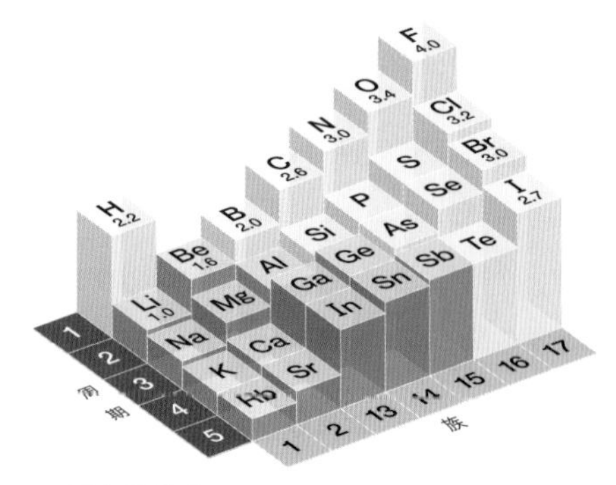

↑ 電気陰性度

結合の極性

② 異なる元素の原子が共有結合をつくると，電気陰性度に違いがあるため，原子間に電荷のかたよりを生じる。これを結合の(3　　　　　)という。

③ 同じ元素の原子が共有結合している場合には，結合に(3　　　　　)は(4ある・ない)。

分子の極性

④ 分子の形から結合の(3　　　　　)が打ち消される場合は，分子全体として電荷のかたよりがない。このような分子を(5　　　　　)という。

⑤ 結合に(3　　　　　)があり，それが打ち消されず分子全体として電荷のかたよりをもつ分子を，(6　　　　　)という。

⑥ 塩化水素HClのように異なる元素の原子からなる二原子分子や，水のように分子が(7　　　　　)形をしているために結合の(3　　　　　)が打ち消されない分子は，極性分子である。

結合の極性なし

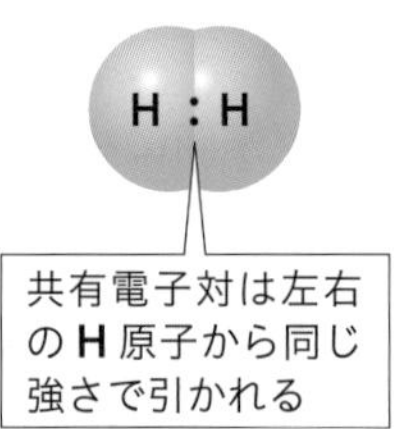

結合の極性あり

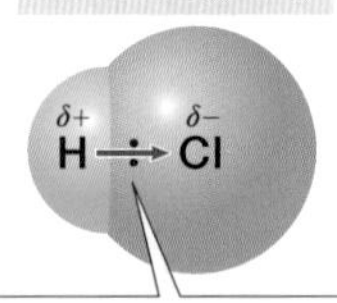

↑ 分子の極性

代表的な無極性分子と極性分子

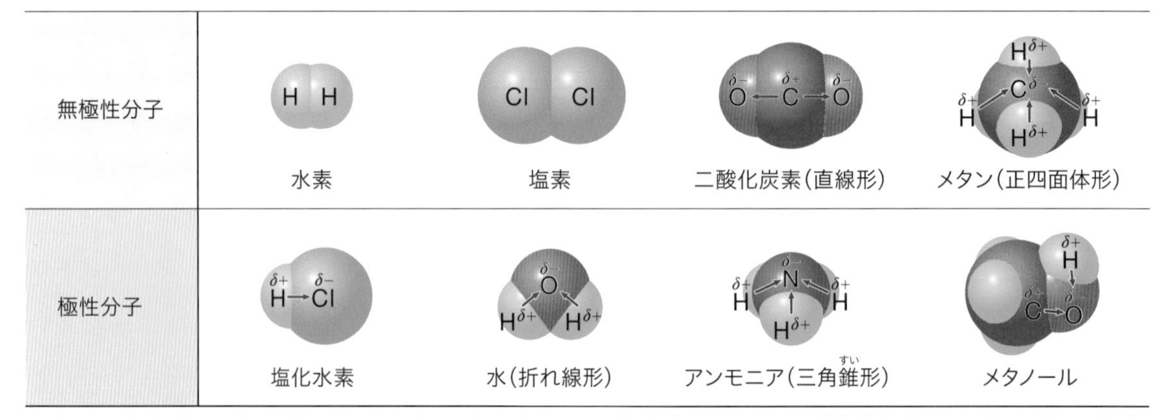

水素 H_2，塩素 Cl_2 など，同種の原子からなる二原子分子は，無極性分子である。二酸化炭素 CO_2，メタン CH_4 は結合に極性があるが，結合の極性が打ち消され無極性分子になる。水 H_2O，塩化水素 HCl，アンモニア NH_3，メタノール CH_3OH は，結合の極性が打ち消されず，極性分子になる。

Exercise

1 次の分子について，下の問いに答えよ。

①塩化水素　②二酸化炭素　③アンモニア　④水

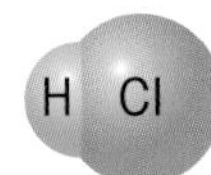

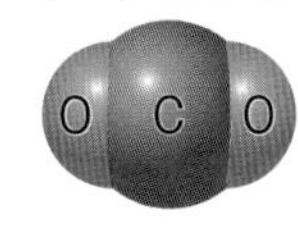

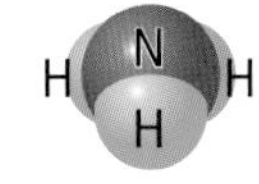

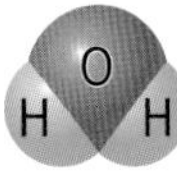

(1) 分子の形を答えよ。

① (　　　) ② (　　　) ③ (　　　) ④ (　　　)

(2) 無極性分子であるものはどれか。 (　　　)

← **1** 結合に極性があっても，分子の形から極性が打ち消される場合は，分子全体に電荷のかたよりがなく，無極性分子である。

2 次の文のうち，下線部分の記述が正しいものには(　　)内に○を，誤りがあるものには×を記入せよ。

(1) 貴ガスは，単原子分子なので，<u>無極性分子</u>である。 (　　　)

(2) 同じ元素の原子が共有結合した二原子分子は，<u>無極性分子</u>である。 (　　　)

(3) 金属元素の原子のように，陽イオンになりやすい原子の電気陰性度は<u>大きい</u>。 (　　　)

(4) 二酸化炭素CO_2の炭素Cと酸素Oの共有結合には極性があるので，二酸化炭素は<u>極性分子</u>である。 (　　　)

(5) アンモニアが極性分子であるのは，分子の形が<u>三角錐(すい)形</u>だからである。 (　　　)

(6) メタンのH原子をCl原子でおき換えた四塩化炭素CCl_4は，炭素と塩素の電気陰性度に差があるので，<u>極性分子</u>である。 (　　　)

← **2** 金属元素の原子の電気陰性度は，非金属元素の原子に比べて小さい。
二原子間に電気陰性度の差があれば，結合に極性がある。
分子全体に極性がある極性分子かどうかは，さらに分子の形が関係してくる。

3 無極性分子であるものを，次のうちから一つ選べ。

① CH_4　② HF　③ CH_3Cl　④ H_2O　⑤ HCN

(　　　)

← **3** 分子の形は次のとおりである。

CH_4	四面体形
HF	直線形
CH_3Cl	四面体形
H_2O	折れ線形
HCN	直線形

4 電気陰性度および分子の極性に関する記述として正しいものを，次のうちから一つ選べ。

① 共有結合からなる分子では，電気陰性度の小さい原子は，電子をより強く引きつける。

② 第2周期の元素のうちで，電気陰性度が最も大きいのはリチウムである。

③ ハロゲン元素のうちで，電気陰性度が最も大きいのはフッ素である。

④ 同種の原子からなる二原子分子は極性をもつ。

⑤ 酸素原子と炭素原子の電気陰性度には差があるので，二酸化炭素は極性分子である。

(　　　)

← **4** 電気陰性度とは，共有結合している原子が共有電子対を引きつける強さを数値で表したもの。電気陰性度は貴ガスを除いて周期表の右上の元素の原子ほど大きい。

3 分子間力と分子結晶

重要事項マスター

分子間力

① 分子の間に働く弱い力を(1　　　　　)という。

分子間力	弱い	⇔	強い
分子量	(2大きい・小さい)	⇔	(3大きい・小さい)
極性	(4あり・なし)	⇔	(5あり・なし)
沸点	(6低い・高い)	⇔	(7低い・高い)

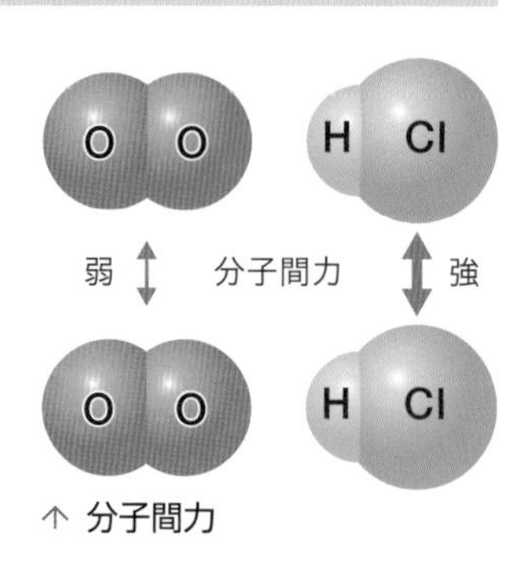

↑ 分子間力

分子結晶

② 分子が(1　　　　　)で結びついた結晶を(8　　　　　)という。

分子結晶の性質

③ 分子結晶は水に溶け(9やすく・にくく)，油に溶けやすいものが多い。

④ (1　　　　　)はきわめて弱い力なので，分子結晶の融点や沸点は(10高い・低い)。ヨウ素I_2など(11　　　　)するものもある。

⑤ 分子は電荷をもっていないので，分子結晶は電気を(12通す・通さない)。液体にして分子が移動できるようになっても，電気を(13通す・通さない)。

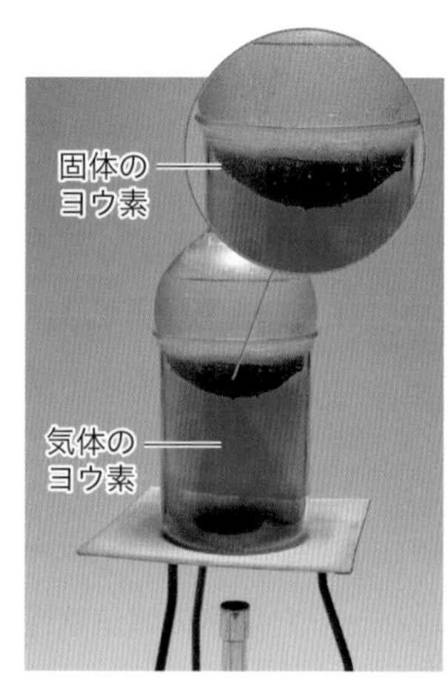

↑ ヨウ素の昇華

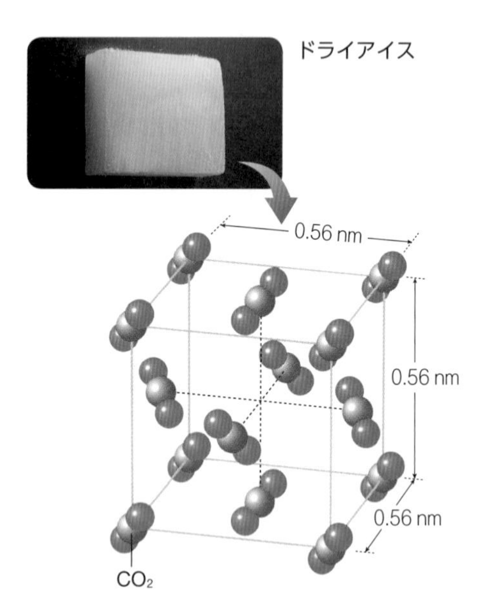

CO_2分子が分子間力で結びついた白色の結晶。常圧では液体を経ずに気体になる(昇華する)。

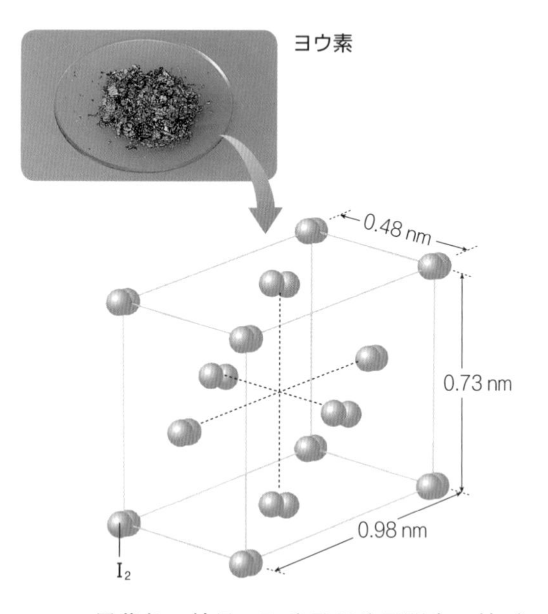

黒紫色の結晶。I_2分子が分子間力で結びつき，規則正しく配列している。

水素結合 発展

⑥ 水H_2Oの場合，Oの電気陰性度が非常に(14 大きい・小さい)ので，となりあう分子間でH原子をなかだちとした引力が働く。このような分子間力を，特に(15 　　　　)という。

⑦ 水素結合ができると沸点は(16 高く・低く)なる。

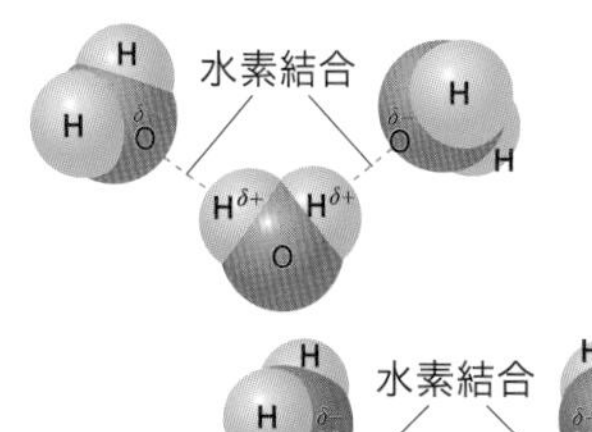

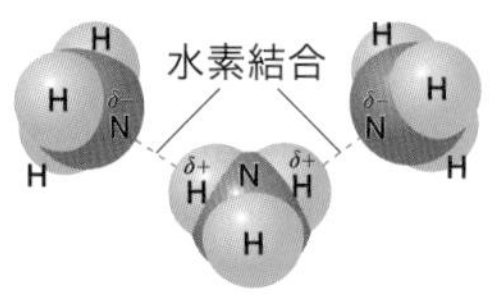

実験 極性と溶解性

ヨウ素I_2は(1 極性分子・無極性分子)であるため，(2 極性分子・無極性分子)であるヘキサンに溶けやすく，(3 極性分子・無極性分子)である水に溶けにくい。

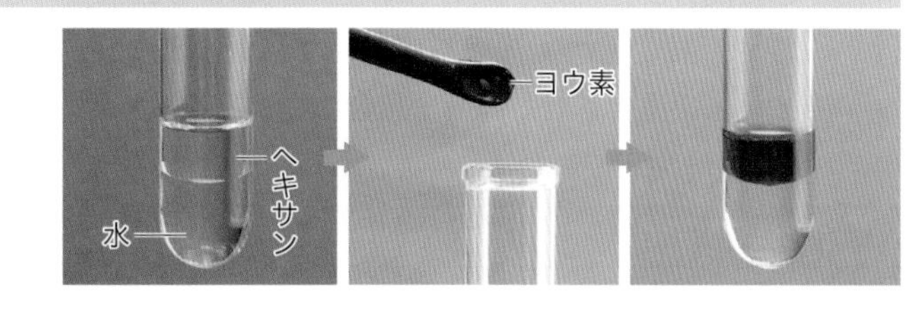

Work 分子間力と沸点 発展

(　　)にあてはまる語句や化学式を書け。

1 分子間力は，共有結合やイオン結合に比べるとたいへん弱い結合である。

2 グラフ中で異常に沸点が高い物質は，(1 　　　　)，HF，(2 　　　　) の3つである。これは(3 　　　　)をつくるためである。

3 水の沸点は，分子量が同じくらいの他の分子に比べると，非常に高い。これは，水素結合をつくるためである。水特有の性質は，水素結合の存在によるものが多い。

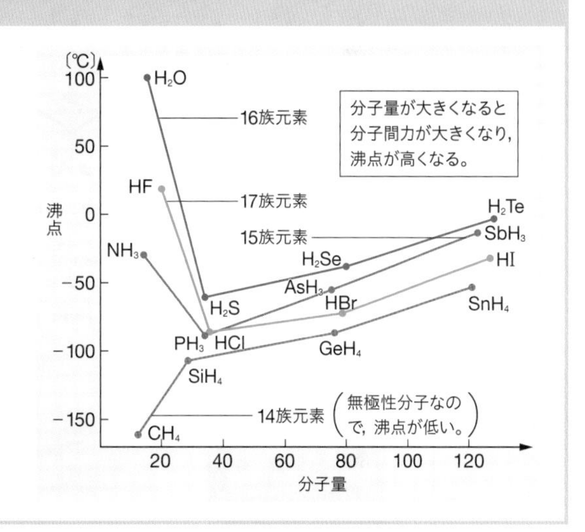

Exercise

1 次の文に適する語句を書け。

(1) 分子間に働く弱い力を何というか。 (　　　　)

発展 (2) となり合う分子間で水素原子をなかだちとして働く分子間力を特に何というか。 (　　　　)

発展 (3) 分子間に(2)の力が働く分子は，沸点が(低い・高い)。

← **1** 代表的な分子結晶には，ドライアイスCO_2やヨウ素I_2がある。

2 分子結晶についての次の文のうち，下線部の記述が正しいものには○を，誤っているものには×を記入せよ。

(1) イオン結晶に比べると，一般に<u>融点が高い</u>。 (　　)

(2) 極性分子の結晶は，<u>電気をよく通す</u>。 (　　)

(3) 無極性分子の結晶には，常温で<u>昇華するものがある</u>。 (　　)

4 分子とその利用

重要事項マスター

高分子化合物

① 分子量が非常に大きい化合物を(1　　　　　　　　)という。

② 高分子化合物は，小さな分子が数多く(2　　　　　)結合してできる。このとき，原料になる小さな分子を(3　　　　　　　)，できた高分子化合物を(4　　　　　　　)という。

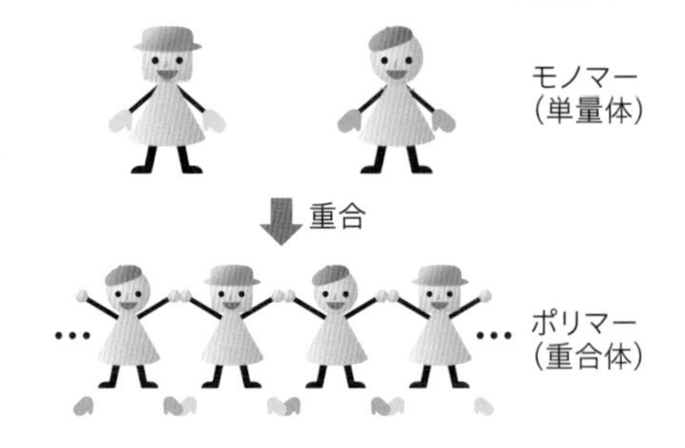

③ (5　　　　　　　)の多くは石油などから取り出したモノマーを重合させた高分子化合物である。

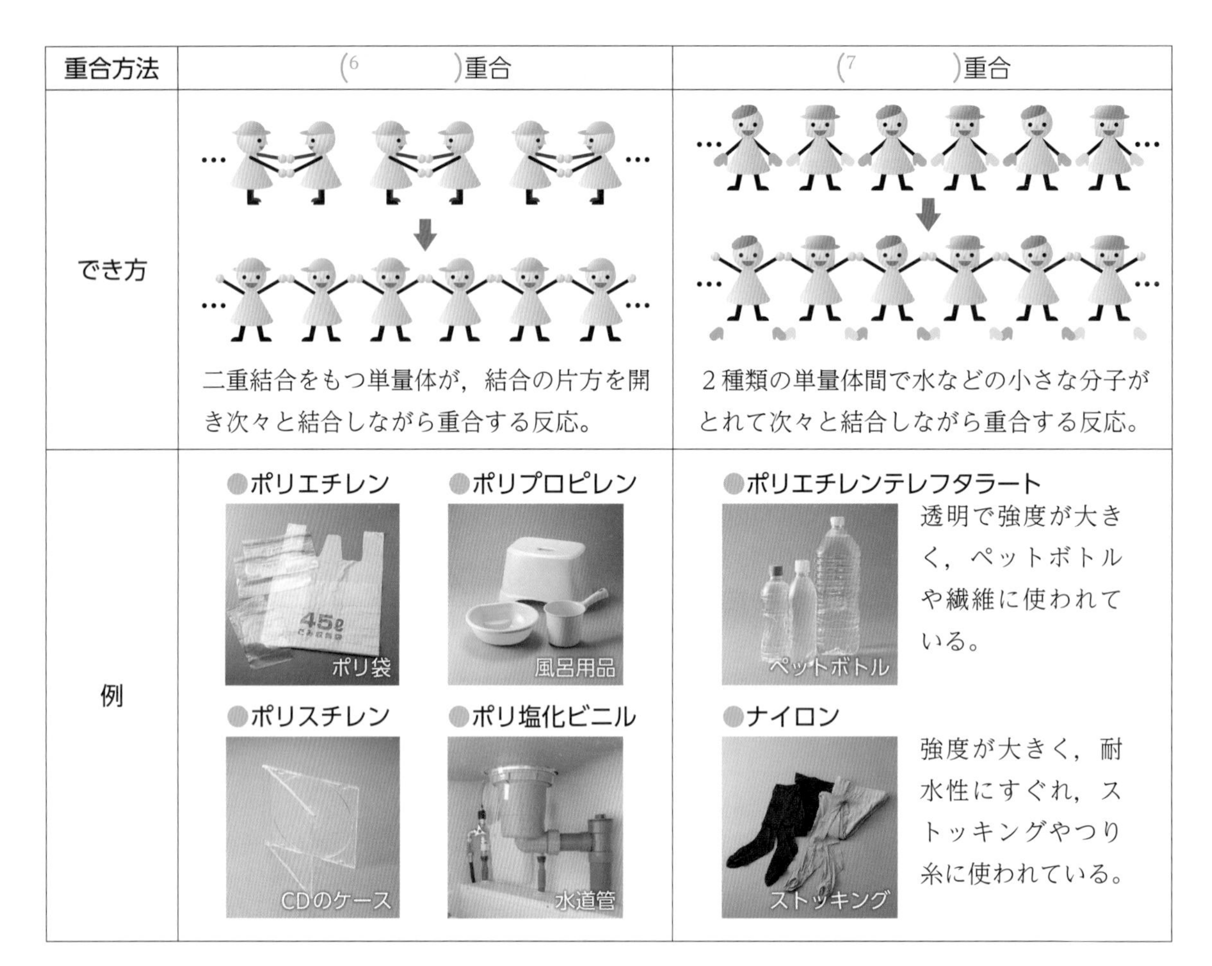

重合方法	(6　　　　　)重合	(7　　　　　)重合
でき方	二重結合をもつ単量体が，結合の片方を開き次々と結合しながら重合する反応。	2種類の単量体間で水などの小さな分子がとれて次々と結合しながら重合する反応。
例	●ポリエチレン（ポリ袋） ●ポリプロピレン（風呂用品） ●ポリスチレン（CDのケース） ●ポリ塩化ビニル（水道管）	●ポリエチレンテレフタラート（ペットボトル） 透明で強度が大きく，ペットボトルや繊維に使われている。 ●ナイロン（ストッキング） 強度が大きく，耐水性にすぐれ，ストッキングやつり糸に使われている。

無機物質と有機化合物

④ 炭素を含む化合物(二酸化炭素CO_2，一酸化炭素COなどは除く)を(8　　　　　　　　)といい，これら以外の物質を(9　　　　　　　)という。

Work　無機物質の分子と有機化合物の分子

無機物質の分子

物質	1	酸素	2	二酸化炭素
化学式	H_2	3	N_2	CO_2
性質・特徴	最も軽い気体で，点火すると燃える。	(4　　　)中に約21%含まれる。	(5　　　)中に約78%含まれる。	固体は(6　　　)
利用例	燃料電池やロケットの燃料	酸素吸入や金属の溶接	菓子袋(酸化防止のために入れられる)	炭酸飲料や消火剤

有機化合物の分子

物質	メタン	7	エタノール	8
化学式	9	C_2H_4	10	CH_3COOH
性質・特徴	無色・無臭の気体で，天然ガスの主成分。	無色で甘いにおいのする気体。	無色で特有なにおいのある液体。	(11　　　)臭のある液体。
利用例	都市ガスなどの燃料	プラスチックなどの原料	アルコールの一種で酒類に含まれる	食酢中に含まれる

Exercise

1 次の物質について，以下の問いに答えよ。

①　酸素　　②　エタノール　　③　酢酸　　④　二酸化炭素

(1)　化学式を書け。

①(　　　)　②(　　　)　③(　　　)　④(　　　)

(2)　有機化合物を2つ選べ。　(　　　)，(　　　)

(3)　ドライアイスは①～④のうちどの物質が固体になったものか。

(　　　)

← **1** 有機化合物に炭素の単体および二酸化炭素，一酸化炭素などは含まれない。

2 次の問いに答えよ。

(1)　分子量が非常に大きい化合物を何というか。

(　　　)

(2)　(1)の原料となる小さな分子を何というか。

(　　　)

(3)　小さな分子を数多く結合させて大きな分子にする反応を何というか。　(　　　)

(4)　(3)の代表的な反応を2種類あげよ。

(　　　)，(　　　)

← **2** (1)小さな分子を数多く共有結合させてつくる。

3 次の文中の(　　)にあてはまる語句を答えよ。

(1)　金属とプラスチックの違いの1つは，一般にプラスチックの融点が(　低い・高い　)ことである。

(2)　プラスチックのうち，特に(　　　)，(　　　)，(　　　)，(　　　)が，生産量が多い。

← **3** (1)プラスチックの欠点は熱に弱いことである。高温で軟化したり燃焼したりするものが多い。

← (2)原料になるモノマーが石油からつくりやすく，安価なので生産量が多い。

5 共有結合の結晶

重要事項マスター

▶ 共有結合の結晶

① 非金属元素の原子が(1　　　　)結合で次々に結びついてできた結晶を，**共有結合の結晶**という。

↑ ケイ素Si

↑ 二酸化ケイ素SiO_2

▶ 共有結合の結晶の性質

② (1　　　　)結合はきわめて強い結合なので，共有結合の結晶はかたく，融点が非常に(2高い・低い)。

③ 原子は電荷をもっていないので，一般に共有結合の結晶は電気を(3通す・通さない)。

物質名	ダイヤモンド	黒鉛
構造	ダイヤモンド 共有結合 炭素原子C	黒鉛(グラファイト) 炭素原子C 共有結合
組成式	C	C
かたさ	非常にかたい	はがれやすい
電気伝導性	(4あり・なし)	(5あり・なし)

Exercise

1 ダイヤモンドと黒鉛(グラファイト)に関する次の記述について，正しいものには○を，誤りがあるものには×を記入せよ。

(1) ダイヤモンドと黒鉛は，いずれも電気をよく導く。(　　　)

(2) ダイヤモンドは，イオン結合でできているので，非常にかたい。(　　　)

(3) 黒鉛は，平面状の巨大な分子が積み重なった構造をしており，薄片にはがれやすい。(　　　)

(4) 黒鉛は水に溶けやすい。(　　　)

(5) ダイヤモンドと黒鉛は，いずれも化学式で表すとCである。(　　　)

← **1** ダイヤモンドと黒鉛は，どちらも炭素の単体(同素体)だが，性質が異なる。これは，共有結合のしかたが異なるためである。

1 金属結合と金属

重要事項マスター

▶ 金属結合

① 金属元素の原子は，電子殻の一部が重なりあい，価電子はその部分を自由に移動する。このような電子を(1　　　　)という。

② 金属元素の原子に(1　　　　)が共有されてできる結合を(2　　　　)という。

③ (2　　　　)により形成された結晶を(3　　　　)という。

④ 金属を化学式で表す場合には，FeやAlのように元素記号だけを書いた(4　　　　)を用いる。

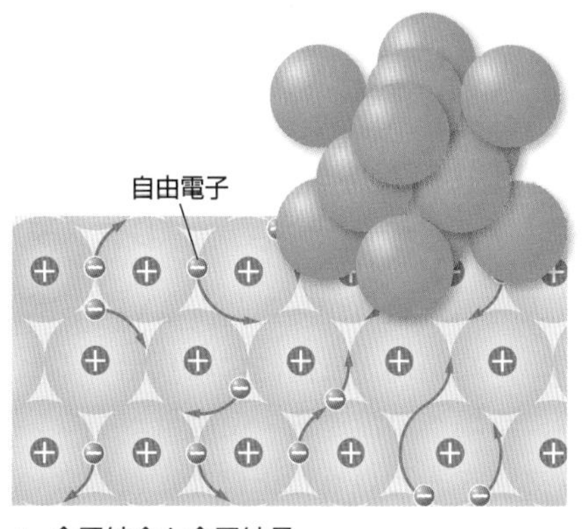

↑ 金属結合と金属結晶

▶ 金属の電気伝導性と熱伝導性

⑤ 金属に電圧をかけると(1　　　　)が移動するため，金属は電気を(5通す・通さない)。

⑥ 金属を流れる電流の正体は(1　　　　)の移動である。

⑦ 金属は，電気をよく通すだけでなく，(6　　　　)もよく伝えるものが多い。

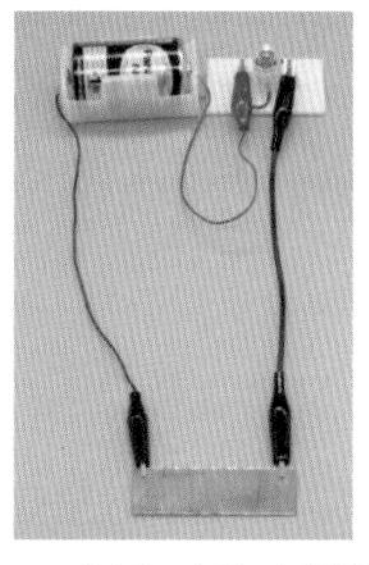

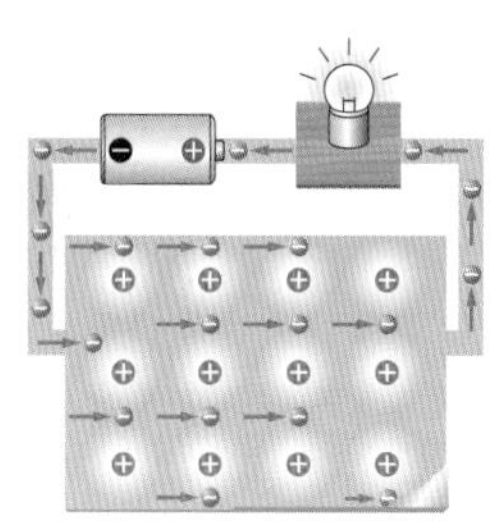

↑ 金属の電気伝導性

▶ 展性・延性

(7　　　　)	(8　　　　)
金属をたたくとうすく箔(はく)状に広がる性質	金属を引っ張ると長く線状に延びる性質

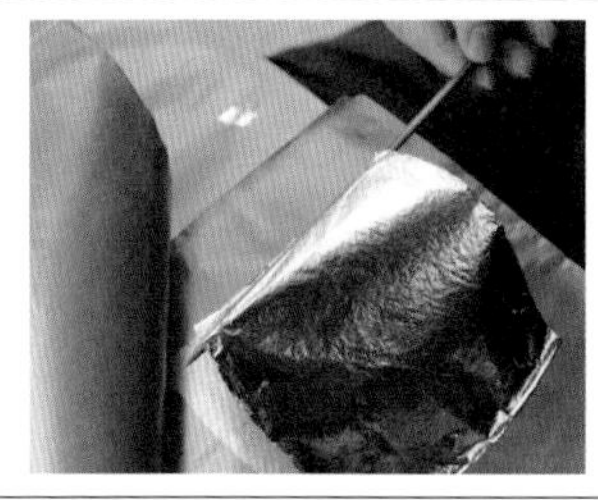

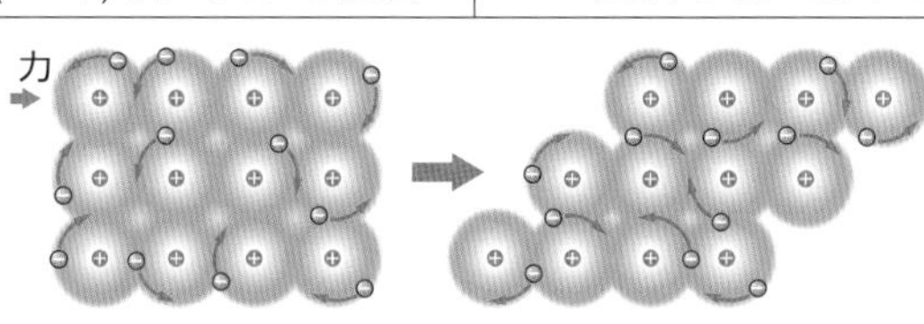

金属に力を加えて原子の位置がずれても，自由電子が金属全体を移動するので，金属結合は保たれる。

▶ 金属光沢

⑧ 金属の表面は光を反射するので，金属には(9　　　　)がある。ほとんどの金属は，目で見える光((10　　　　))をすべて反射するので，白く光って見える(一部の金属は例外である)。

2章 物質と化学結合

▶ **金属の融点**

⑨ 金属結合の強さは，金属の種類によってさまざまである。そのため，金属の融点は物質によって(11 大きく異なる・変わらない)。

⑩ 水銀Hgのように融点が0℃より(12 高い・低い)金属もある。また，タングステンWのように融点が3000℃を超える金属もある。

Reference　レアメタル

天然の埋蔵量が非常に少ないか，埋蔵量は多いが経済的・技術的に取り出すことが難しく，市場への流通量・使用量が少ない金属をレアメタルという。正確な定義はないが，日本では白金Ptやタングステン**W**をはじめとした31種類の金属元素を指定している。なお，一部非金属元素を含む。また，Sc，Y，ランタノイド元素を1種類として数えている。

Mg	Fe	**W**
Al	**Ni**	**Nd**
Cr	Cu	**Pt**
Mn	Sn	Au

↑ スマートフォンに用いられるおもな金属元素(太字はレアメタル)

Exercise

1 次の文中の(　　)にあてはまる語句を，下の語群から選べ。

鉄，銅，アルミニウムなどの金属では，原子の最も外側の電子殻(最外殻)が一部重なりあっていて，その部分を(ア　　　　　　)が自由に動き回っている。このような電子を(イ　　　　　　)といい，自由に動き回ることによって，(ウ　　　　　　)どうしを結びつけている。このような結合のことを(エ　　　　　　)という。

［語群］ 電子　　価電子　　自由電子　　原子
　　　　イオン結合　　共有結合　　金属結合

2 次の文のうち，記述が金属にあてはまるものは(　　)内に○を，あてはまらないものは×を記入せよ。

(1) 特有の金属光沢をもつ。 (　　)
(2) すべて常温で固体である。 (　　)
(3) 電気をよく通すものが多い。 (　　)
(4) 熱をあまり伝えない。 (　　)
(5) 箔や線などに加工しやすい。 (　　)
(6) すべて3～12族の元素である。 (　　)
(7) すべて無色で光をよく反射する。 (　　)

← **2** 金属は
・電気・熱をよく通す。
・展性・延性をもつ。
・金属光沢をもつ。
といった特徴をもつ。

← 金属元素には遷移元素と典型元素の2種類がある。

2 金属の利用

重要事項マスター

金属の利用

① 鉄…最も生産量の(1 多い ・ 少ない)金属である。炭素の含有率によってかたさを変えることができる。

② アルミニウム…(2　　　　)や(3　　　　)をよく通し，軽くて加工しやすい。

③ 銅… (2　　　　)や(3　　　　)をよく通す性質は，すべての金属中で(4　　　　)についで第2位である。

合金

④ 2種類以上の金属を溶かし合わせたものを(5　　　　)という。

さびとその防止

⑤ さびを防ぐには，金属の表面をおおって，空気や(6　　　　)に触れないようにすればよい。
- 塗装…表面に金属以外の物質を塗る。
- (7　　　　)…表面をさびにくい金属でおおう。
- 化学処理…表面を安定な酸化物に変える。

Work 合金の成分と性質

合金について調べ，下の表の空欄をうめてみよう。

名称	主な成分	その他の成分	特性	用途
1	鉄	クロム，ニッケル 炭素	さびにくい	工具，台所用品
2	銅	亜鉛	加工しやすい	硬貨，機械部品，金管楽器
3	銅	スズ	鋳物(いもの)にしやすい，かたい	硬貨，銅像，メダル
4	アルミニウム	銅，マグネシウム，マンガン	軽くて強い	航空機の構造用材料

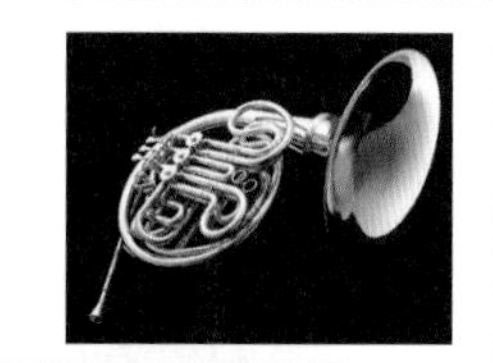

Exercise

1 次の記述のうち，金属の特徴にあてはまるものは(　　)内に○を，あてはまらないものは×を記入せよ。

(1) 複数の金属を混ぜ合わせても，新しい性質が現れることはない。 (　　)

(2) さびが生じるのは，空気中の窒素と反応するためである。(　　)

(3) トタンやブリキのように，鉄の表面を他の金属でおおうのは，さびを防ぐためである。 (　　)

(4) 鉄やアルミニウムは使用量が多く，積極的にリサイクルが進められている。 (　　)

← **1** 金属は空気中の酸素などと反応して酸化物になりやすい。

← 金属は集めて融かせばまた利用でき，リサイクルに向いた素材である。

3 粒子の結合と結晶

重要事項マスター

▶ 粒子間に働く力と結晶

	イオン結晶	分子結晶	共有結合の結晶	金属結晶
モデル	塩化ナトリウム NaCl	ドライアイス CO_2	ダイヤモンド C	金 Au
構成粒子	陽イオンと陰イオン	分子	非金属元素の原子	金属元素の原子
結合	(1　　　)	(2　　　)	(3　　　)	(4　　　)
化学式	組成式	分子式	組成式	組成式
融点	イオン結合は強い結合。融点は高い。常温・常圧で固体。	分子間力は非常に弱い力。融点は非常に低い。昇華するものもある。	共有結合は非常に強い結合。融点は非常に高い。常温・常圧で固体。	金属結合の強さはさまざま。物質によって異なる。常温・常圧で水銀以外固体。
電気伝導性	通さない　固体：$ZnCl_2$ 通す　液体：$ZnCl_2$	通さない　固体：ナフタレン 通さない　液体：ナフタレン	通さない　固体：水晶（SiO_2） 通す　固体：黒鉛	通す　固体：Hg 通す　液体：Hg
機械的性質	岩塩 かたくてもろい。	ドライアイス くだけやすい。	ダイヤモンドガラスカッター 非常にかたい。	展性・延性がある。
例	5	6	7	8

［例］　鉄，ドライアイス，ダイヤモンド，塩化ナトリウム，二酸化ケイ素，アルミニウム，氷，塩化カルシウム

Exercise

1 次にあてはまる結晶をつくる物質を，下の[物質群]から3つずつ選べ。

(1) イオン結晶　(　　)(　　)(　　)

(2) 分子結晶　(　　)(　　)(　　)

(3) 共有結合の結晶　(　　)(　　)(　　)

(4) 金属結晶　(　　)(　　)(　　)

[物質群]

(ア) ナトリウム　(イ) ダイヤモンド　(ウ) ドライアイス

(エ) 二酸化ケイ素　(オ) 塩化ナトリウム　(カ) 黒鉛

(キ) 鉄　(ク) ヨウ素　(ケ) 塩化銅(Ⅱ)

(コ) スクロース(砂糖)　(サ) アルミニウム

(シ) 炭酸カルシウム

←**1**
結晶を構成する粒子
イオン結晶：
陽イオンと陰イオン
分子結晶：分子
共有結合の結晶：
非金属元素の原子
金属結晶：
金属元素の原子

2 次の結晶について，下の各群からそれぞれにあてはまるものを1つずつ選べ。

A群　B群　C群

(1) イオン結晶　(　　，　　，　　)

(2) 分子結晶　(　　，　　，　　)

(3) 共有結合の結晶　(　　，　　，　　)

(4) 金属結晶　(　　，　　，　　)

[A群：粒子間の結合]

(ア) 共有電子対による結合　(イ) 静電気的な引力による結合

(ウ) 分子間力　(エ) 自由電子による結合

[B群：一般的な性質]

(ア) 電気を通さず，融点が低い

(イ) きわめてかたく，融点も高い

(ウ) 固体では電気を通さないが，液体では電気を通す

(エ) 展性・延性があり，電気をよく通す

[C群：物質の例]

(ア) 氷　(イ) 銀

(ウ) 水晶(二酸化ケイ素)　(エ) 塩化カルシウム

←**2**
イオン結晶：
静電気的な引力による結晶。かたくてもろい。結晶は電気を通さないが，溶解・融解させると電気を通す。
分子結晶：
分子間力が弱いため，融点が低く，昇華しやすいものもある。固体・液体いずれの状態でも電気を通さない。
共有結合の結晶：
非金属元素の原子が分子をつくらず，次々と共有結合して巨大化した結晶。かたく，融点がきわめて高い。
金属結晶：
全体で自由電子を共有する結合。展性・延性があり，電気を通す。

3 物質とそれを構成する化学結合との組合せとして**適当でないもの**を，次のうちから一つ選べ。

	物質	構成する化学結合
①	塩素	共有結合
②	アンモニア	配位結合
③	銅	金属結合
④	塩化ナトリウム	イオン結合
⑤	炭酸カルシウム	イオン結合と共有結合

(　　)

←**3**
塩素　Cl_2
アンモニア　NH_3
銅　Cu
塩化ナトリウム　NaCl
炭酸カルシウム　$CaCO_3$

2章 物質と化学結合

1　原子量・分子量・式量

重要事項マスター

原子の相対質量

① ^{12}Cを基準とし，^{12}Cの質量を(1 　　　　)としたときの各原子の質量比を**相対質量**という。相対質量に単位はない。

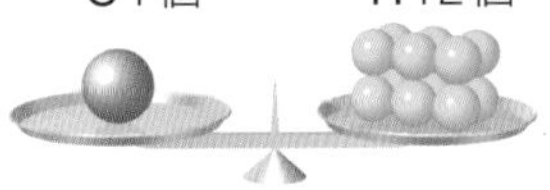

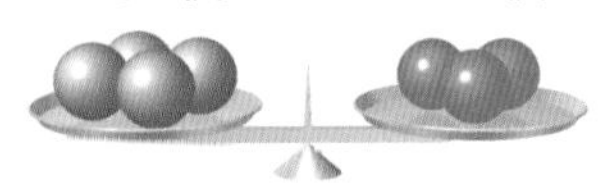

^{1}H原子の相対質量	^{16}O原子の相対質量
^{12}C 1個　　^{1}H 12個 ^{12}C原子1個と^{1}H原子12個がつりあう。 ^{12}C原子1個と^{1}H原子12個がつりあう場合，^{12}Cの質量を12としたときの^{1}H原子の相対質量は，(2 　　　　)である。 $12 \times 1 =$(^{1}Hの相対質量)$\times 12$	^{12}C 4個　　^{16}O 3個 ^{12}C原子4個と^{16}O原子3個がつりあう。 ^{12}C原子4個と^{16}O原子3個がつりあう場合，^{12}Cの質量を12としたときの^{16}O原子の相対質量は，(3 　　　　)である。 $12 \times 4 =$(^{16}Oの相対質量)$\times 3$

元素の原子量

② 原子番号は同じだが，質量数が異なる原子を互いに(4 　　　　)という。自然界に存在する多くの元素は，(4 　　　　)が，ほぼ一定の存在比で混じったものである。

③ 同位体の存在比を考慮して求めた相対質量の平均値を，元素の(5 　　　　)という。(5 　　　　)にも単位はない。

④ ^{12}C原子(相対質量12)の存在比が98.93 %，^{13}C原子(相対質量13.003)の存在比が1.07 %である炭素の原子量は，次のように求められる。

$$12 \times \frac{(\,6\qquad\qquad)}{100} + 13.003 \times \frac{(\,7\qquad\qquad)}{100} \fallingdotseq 12.01$$

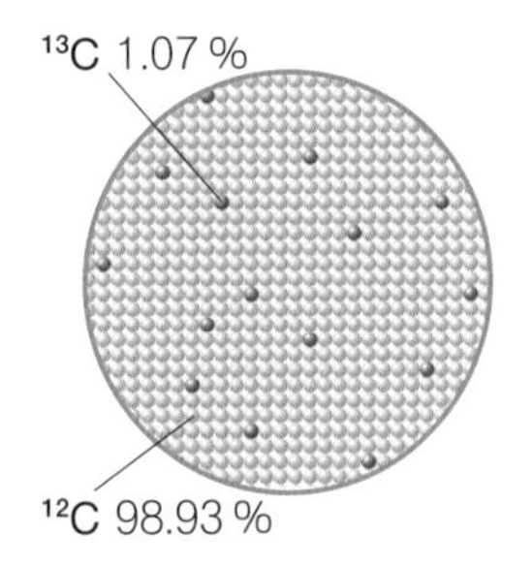

自然界に存在する炭素原子を10000個集めると，^{12}Cが98.93 %の9893個，^{13}Cが1.07 %の107個である。

分子量・式量

分子量	分子を構成する元素の(8 　　　　)の総和。	**二酸化炭素** CO_2	$12 + 16 \times 2 = 44$
式量	組成式に含まれる元素の(8 　　　　)の総和。	**塩化ナトリウム** NaCl	$23 + 35.5 = 58.5$

Work 周期表と原子量

巻頭の原子量概数表を参考に，空欄の原子量の概数を調べよう。

H							He
1							2
Li	Be	B	C	N	O	F	Ne
7.0	9.0	11	3	4	5	19	20
Na	Mg	Al	Si	P	S	Cl	Ar
6	7	8	28	31	9	10	40
K	Ca						
39	11						

＊元素の周期表に示してある原子量の値は，存在比を考慮して同位体の相対質量の平均値を有効数字4桁で求めたものである。ただし，通常の計算では，おおよその値（概数値）を用いる。

Exercise

1 ^{12}Cの2倍の質量をもつ原子がある。この原子の相対質量を求めよ。

（　　　　　　）

← **1** ^{12}C原子の質量を12とする。

2 ホウ素Bの原子には，相対質量10の^{10}Bと，相対質量11の^{11}Bがあり，^{10}Bの存在比が20％，^{11}Bの存在比が80％である。Bの原子量を求める式を書け。計算はしなくてよい。

（　　　　　　）

← **2** Bの原子量＝

$$10\times\frac{^{10}\text{Bの存在比}}{100}+11\times\frac{^{11}\text{Bの存在比}}{100}$$

3 ガリウムには^{69}Ga（相対質量69，存在比60％）と^{71}Ga（相対質量71，存在比40％）の同位体がある。ガリウムの原子量を小数第1位まで求めよ。

（　　　　　　）

← **3** 原子量を暗記する必要はない。巻頭にある原子量の概数表を参考にする。

4 次の表の空欄に物質名または分子式を記入し，さらに分子量を計算して，表を完成させよ。

物質名	分子式	分子量
水素	1	2
3	N_2	4
酸素	5	6
7	He	8
アンモニア	9	10
11	H_2SO_4	12
メタン	CH_4	13
プロパン	C_3H_8	14

原子量は次の値を使用する。
H＝1.0, He＝4.0, C＝12, N＝14, O＝16, Na＝23, S＝32, Cl＝35.5, Ca＝40, Fe＝56, Ag＝108

← **4** 分子を構成する元素の原子量の総和が分子量である。

N_2

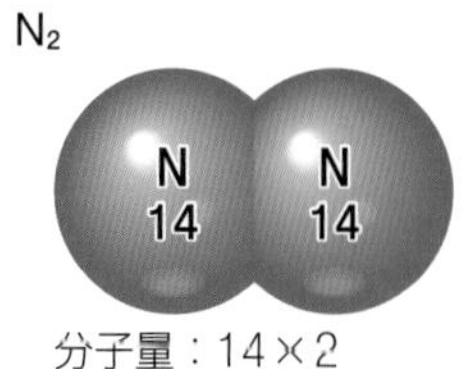

分子量：14×2

CH_4

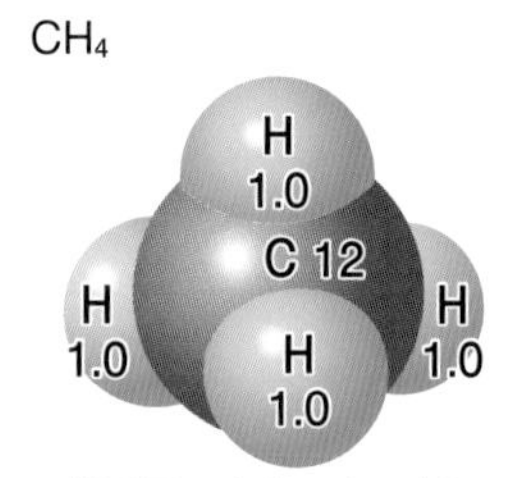

分子量：1.0×4＋12

CO_2

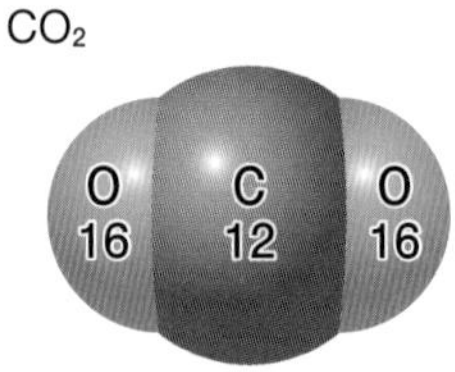

分子量：12＋16×2

5 次の表の空欄に物質名または分子式を記入し，さらに分子量を計算して，表を完成させよ。

物質名	分子式	分子量
二酸化炭素	1	2
3	Cl_2	4
塩化水素	5	6
エタノール	C_2H_6O	7
グルコース	$C_6H_{12}O_6$	8

6 メタンCH_4は都市ガスの主成分である。メタンを入れたシャボン玉は，空気中で浮かぶか，沈むか。**4** で求めたメタンの分子量を使って答えよ。ただし，空気の平均分子量は29とし，シャボン玉液の質量は無視する。

（　　　　　　　　）

← **6** 空気の平均分子量は29なので，これより分子量が小さい気体は空気中で浮かぶが，大きい気体は空気中で沈む。

7 プロパンC_3H_8は燃料として広く利用されている気体である。プロパンを入れたシャボン玉は，空気中で浮かぶか，沈むか。**4** で求めたプロパンの分子量を使って答えよ。ただし，空気の平均分子量は29とし，シャボン玉液の質量は無視する。

（　　　　　　　　）

8 次の表の空欄に物質名または組成式を記入し, さらに式量を計算して, 表を完成させよ。

物質名	組成式	式量
塩化ナトリウム	1	2
3	NaOH	4
炭酸カルシウム	5	6
7	$AgNO_3$	8

← **8** 組成式に含まれる元素の原子量の総和が式量である。

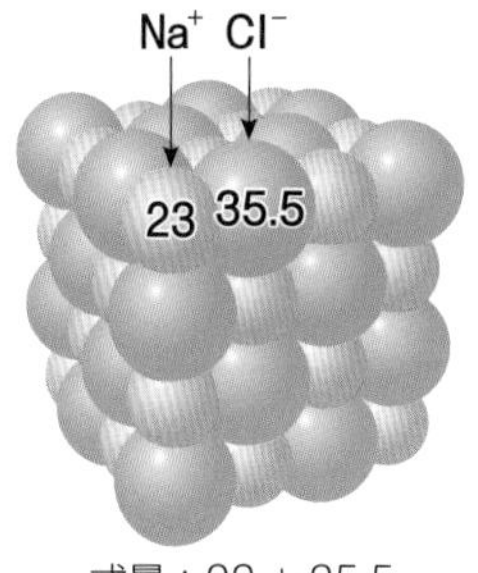

式量：23＋35.5

9 次の表の空欄に物質名または組成式を記入し, さらに式量を計算して, 表を完成させよ。

物質名	組成式	式量
塩化カルシウム	1	2
3	Na_2CO_3	4
酸化鉄(Ⅲ)	5	6
7	$(NH_4)_2SO_4$	8

10 酸化アルミニウムの式量は102である。この式量から，アルミニウムの原子量を求めよ。

(　　　　　　)

← **10** アルミニウムの原子量をxとして考える。

11 酸化マグネシウムMgO中のMgの質量パーセントは，60％である。マグネシウムの原子量を求めよ。

(　　　　　　)

← **11**

$$\frac{\text{Mgの原子量}}{\text{MgOの式量}}\times 100 = 60$$

マグネシウムの原子量をxとして考える。

3章 物質の変化

2 物質量

重要事項マスター

物質量

① 粒子の数に着目して表した物質の量を(1　　　　)といい，(2　　　　)（記号(3　　　　)）という単位で表す。

② 物質1 molあたりの粒子の数は(4　　　　)とよばれ，その値は6.0×10^{23}/molである。

1 molの質量

③ 物質1 molあたりの質量を(5　　　　)という。

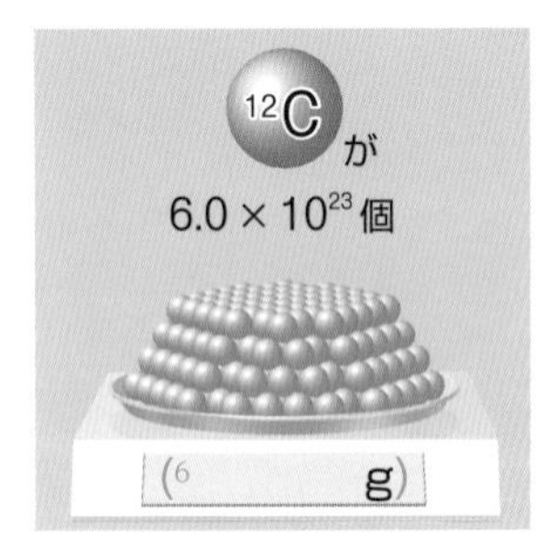

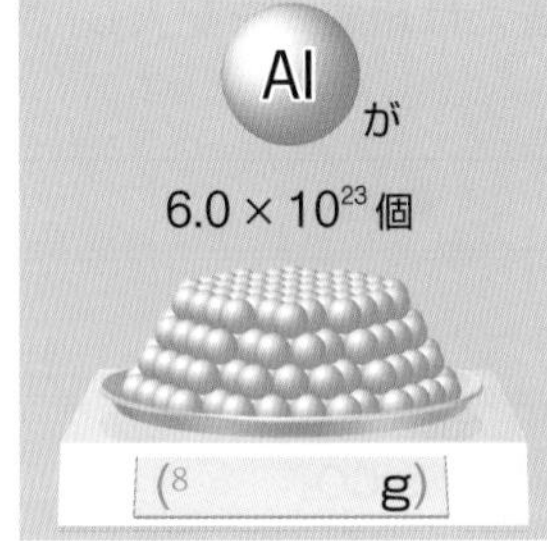

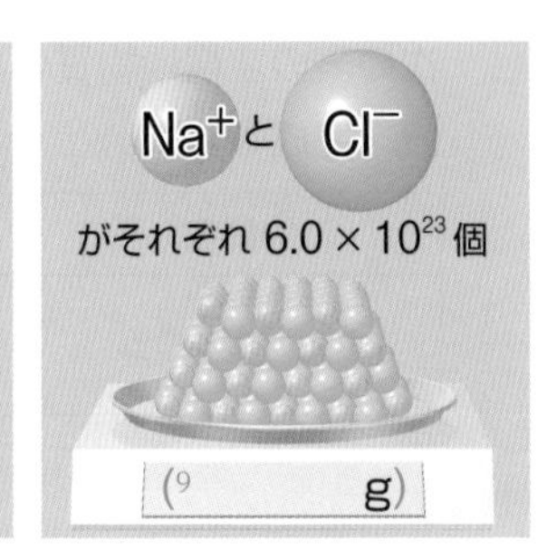

気体1 molの体積

④ (10　　　　)の法則…同じ温度・同じ圧力では，気体の種類に関係なく，同じ体積の気体には同じ数の分子が含まれている。

⑤ 0℃，1.013×10^5 Pa（標準状態）では，気体1 molあたりの体積は，気体の種類に関係なく，(11　　　　)L/molである。

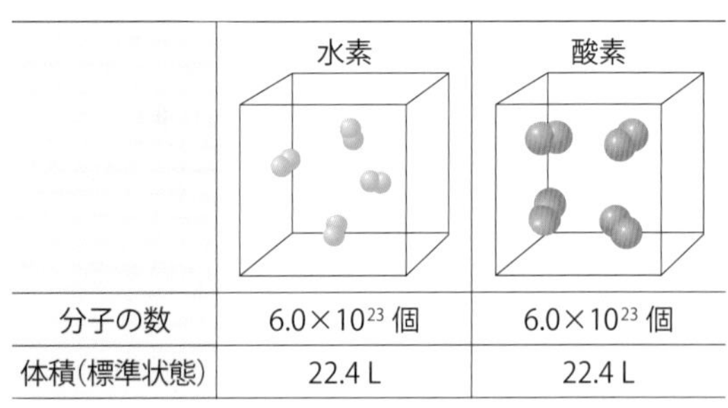

	水素	酸素
分子の数	6.0×10^{23}個	6.0×10^{23}個
体積(標準状態)	22.4 L	22.4 L

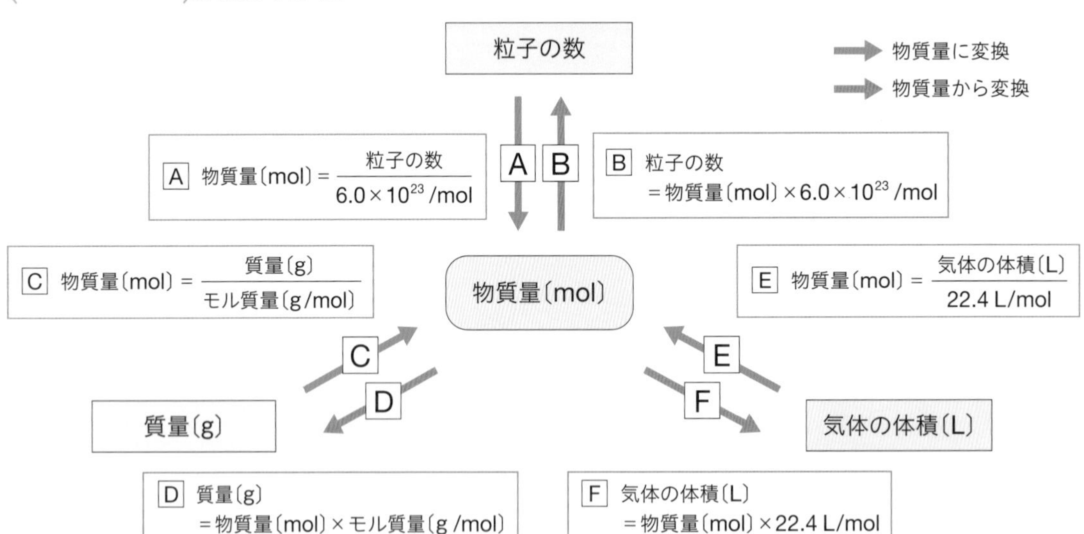

⑥ 物質量に変換するには6.0×10^{23}/mol，モル質量，22.4 L/molで(12 割る・かける)。
物質量から変換するには6.0×10^{23}/mol，モル質量，22.4 L/mol(13 割る・かける)。

Exercise

1 次の問いに答えよ。ただし，アボガドロ定数は6.0×10^{23}/molとする。

(1) ナトリウム0.50 mol中のナトリウム原子の数は何個か。

(　　　　　　　)

(2) 酸素0.50 mol中の酸素分子の数は何個か。

(　　　　　　　)

(3) アンモニア0.30 mol中のアンモニア分子の数は何個か。

(　　　　　　　)

(4) アンモニアNH_3 0.30 mol中に含まれる水素原子の数は何個か。

(　　　　　　　)

(5) エタンC_2H_6 0.10 mol中に含まれる水素原子の数は何個か。

(　　　　　　　)

← **1** 物質量〔mol〕
⇒ 粒子の数
p.40の式Ⓑを使う。
(1)0.50 mol × 6.0 × 10^{23}/mol

2 次の問いに答えよ。ただし，アボガドロ定数は6.0×10^{23}/molとする。

(1) 炭素原子1.2×10^{24}個の物質量は何molか。

(　　　　　　　)

(2) 鉄原子6.0×10^{22}個の物質量は何molか。

(　　　　　　　)

(3) 水素分子3.0×10^{23}個の物質量は何molか。

(　　　　　　　)

← **2** 粒子の数
⇒ 物質量〔mol〕
p.40の式Ⓐを使う。

3 次の問いに答えよ。ただし，気体の体積は標準状態におけるものとする。

(1) 窒素1.50 molの体積は何Lか。

(　　　　　　　)

(2) 一酸化炭素0.500 molの体積は何Lか。

(　　　　　　　)

← **3** 物質量〔mol〕
⇒ 気体の体積〔L〕
p.40の式Ⓕを使う。

4 次の問いに答えよ。ただし，気体の体積は標準状態におけるものとする。

(1) メタン11.2 Lの物質量は何molか。

(　　　　　　　)

(2) ネオン3.36 Lの物質量は何molか。

(　　　　　　　)

← **4** 気体の体積〔L〕
⇒ 物質量〔mol〕
p.40の式Ⓔを使う。

5 次の問いに答えよ。原子量はH＝1.0，C＝12，N＝14，O＝16，Ca＝40，Fe＝56とする。

(1) 鉄Fe 1.5 molの質量は何gか。

（　　　　　　）

(2) 炭素C 3.0 molの質量は何gか。

（　　　　　　）

(3) 水H_2O 1.5 molの質量は何gか。

（　　　　　　）

(4) 一酸化窒素NO 2.5 molの質量は何gか。

（　　　　　　）

(5) 炭酸カルシウム$CaCO_3$ 0.48 molの質量は何gか。

（　　　　　　）

← **5** 物質量〔mol〕
⇒ 質量〔g〕
p.40の式Dを使う。

6 次の問いに答えよ。原子量はH＝1.0，C＝12，N＝14，O＝16，Ca＝40，Fe＝56とする。

(1) 鉄Fe 8.4 gの物質量は何molか。

（　　　　　　）

(2) 炭素C 1.8 gの物質量は何molか。

（　　　　　　）

(3) 水H_2O 2.7 gの物質量は何molか。

（　　　　　　）

(4) 一酸化窒素NO 4.5 gの物質量は何molか。

（　　　　　　）

(5) 炭酸カルシウム$CaCO_3$ 15 gの物質量は何molか。

（　　　　　　）

← **6** 質量〔g〕
⇒ 物質量〔mol〕
p.40の式Cを使う。

7 次の問いに答えよ。ただし，アボガドロ定数は6.0×10^{23}/molとする。

(1) 窒素分子N_2 1.5×10^{23}個の体積は何Lか。

（　　　　　　）

(2) メタン分子CH_4 1.8×10^{23}個の体積は何Lか。

（　　　　　　）

← **7** 粒子の数
⇒ 物質量〔mol〕
⇒ 気体の体積〔L〕
p.40の式AとFを使う。

8 次の問いに答えよ。ただし，アボガドロ定数は6.0×10^{23}/molとする。

(1) 水素11.2 L中の水素分子の数は何個か。

(　　　　　　)

(2) ヘリウム3.36 L中のヘリウム分子の数は何個か。

(　　　　　　)

← 8 気体の体積〔L〕
⇒ 物質量〔mol〕
⇒ 粒子の数
p.40の式Eと Bを使う。

9 次の問いに答えよ。ただし，アボガドロ定数は6.0×10^{23}/molとし，原子量はH＝1.0，C＝12，N＝14とする。

(1) 窒素分子N_2 3.0×10^{23}個の質量は何gか。

(　　　　　　)

(2) エタン分子C_2H_6 1.5×10^{23}個の質量は何gか。

(　　　　　　)

← 9 粒子の数
⇒ 物質量〔mol〕
⇒ 質量〔g〕
p.40の式Aと Dを使う。

10 次の問いに答えよ。ただし，アボガドロ定数は6.0×10^{23}/molとし，原子量はH＝1.0，O＝16，Fe＝56とする。

(1) 鉄Fe 28 g中の鉄原子の数は何個か。

(　　　　　　)

(2) 水H_2O 2.7 g中の水分子の数は何個か。

(　　　　　　)

← 10 質量〔g〕
⇒ 物質量〔mol〕
⇒ 粒子の数
p.40の式Cと Bを使う。

11 次の問いに答えよ。ただし，気体の体積は標準状態におけるものとし，原子量はC＝12，O＝16とする。

(1) 酸素O_2 11.2 Lの質量は何gか。

(　　　　　　)

(2) 一酸化炭素CO 5.60 Lの質量は何gか。

(　　　　　　)

← 11 気体の体積〔L〕
⇒ 物質量〔mol〕
⇒ 質量〔g〕
p.40の式Eと Dを使う。

12 次の問いに答えよ。ただし，気体の体積は標準状態におけるものとし，原子量は C＝12，N＝14，O＝16とする。

(1) 二酸化炭素 CO_2 22.0 g の体積は何Lか。

（　　　　　　）

(2) 窒素 N_2 14.0 g の体積は何Lか。

（　　　　　　）

← **12** 質量〔g〕
⇒ 物質量〔mol〕
⇒ 気体の体積〔L〕
p.40の式Ⓒと Ⓕを使う。

13 次の問いに答えよ。ただし，アボガドロ定数は 6.0×10^{23}/mol とする。

(1) 塩化ナトリウム NaCl 0.20 mol に含まれる塩化物イオン Cl^- の数はいくつか。

（　　　　　　）

(2) 塩化カルシウム $CaCl_2$ 0.20 mol に含まれる塩化物イオン Cl^- の数はいくつか。

（　　　　　　）

← **13**
(1) $NaCl \longrightarrow Na^+ + Cl^-$
(2) $CaCl_2 \longrightarrow Ca^{2+} + 2Cl^-$

14 次の問いに答えよ。ただし，アボガドロ定数は 6.0×10^{23}/mol とし，原子量は C＝12，O＝16，Al＝27とする。

(1) 1円硬貨はアルミニウムでできていて，1枚の質量は1.0 g である。1円硬貨54枚に含まれるアルミニウム原子の数はいくつか。

（　　　　　　）

← **14** (1)質量〔g〕
⇒ 物質量〔mol〕
⇒ 原子の数
p.40の式Ⓒと Ⓑを使う。

(2) ドライアイスは，二酸化炭素の固体である。質量22.0 g のドライアイスを放置しておいたところ，昇華してすべて気体の二酸化炭素になった。この気体の体積は，標準状態で何Lか。

（　　　　　　）

← (2)質量〔g〕
⇒ 物質量〔mol〕
⇒ 気体の体積〔L〕
p.40の式Ⓒと Ⓕを使う。

15 1.0カラットのダイヤモンドに含まれる炭素原子の物質量として最も適当な数値を，次のうちから一つ選べ。ただし，カラットは質量の単位で，1.0カラットは0.20 gである。

① 0.0017　② 0.0024　③ 0.017
④ 0.024　⑤ 0.17　⑥ 0.24

（　　）mol

16 1 gに含まれる分子の数が最も多い物質を，次のうちから一つ選べ。

① 水　② 窒素　③ エタン
④ ネオン　⑤ 酸素　⑥ 塩素

（　　）

17 0℃，1.013×10^5 Paにおいて気体1 gの体積が最も大きい物質を，次のうちから一つ選べ。

① O_2　② CH_4　③ NO　④ H_2S

（　　）

18 標準状態における体積が最も大きいものを，次のうちから選べ。

① 標準状態で20 LのHe
② 2.0 gのH_2
③ 88 gのCO_2
④ 28 gのN_2と標準状態で5.6 LのO_2との混合気体
⑤ 2.5 molのCH_4

（　　）

原子量は次の値を使用する。
H＝1.0，C＝12，N＝14，O＝16，Ne＝20，S＝32，Cl＝35.5

← **15** 質量〔g〕
⇒ 物質量〔mol〕
p.40の式Ⓒを使う。

← **16** 質量〔g〕
⇒ 物質量〔mol〕
⇒ 粒子の数
p.40の式ⒸとⒷを使う。
質量が一定であるとき，物質量は分子量に反比例する。粒子の数は物質量に比例する。
エタンの分子式はC_2H_6である。

← **17** 質量〔g〕
⇒ 物質量〔mol〕
⇒ 気体の体積〔L〕
p.40の式ⒸとⒻを使う。
質量が一定であるとき，物質量は分子量に反比例する。気体の体積は物質量に比例する。

← **18** 標準状態における気体の体積は，気体の種類に関係なく，物質量に比例する。

3 濃度

重要事項マスター

▶ 質量パーセント濃度・モル濃度

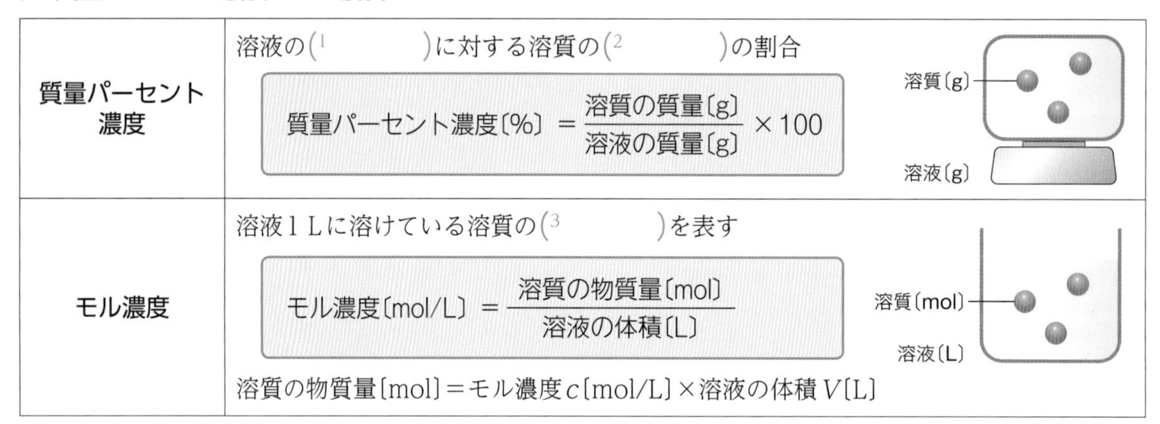

質量パーセント濃度	溶液の(1　　　　)に対する溶質の(2　　　　)の割合 質量パーセント濃度〔%〕 = $\frac{溶質の質量〔g〕}{溶液の質量〔g〕}$ ×100	溶質〔g〕 溶液〔g〕
モル濃度	溶液１Ｌに溶けている溶質の(3　　　　)を表す モル濃度〔mol/L〕 = $\frac{溶質の物質量〔mol〕}{溶液の体積〔L〕}$ 溶質の物質量〔mol〕＝モル濃度 c〔mol/L〕×溶液の体積 V〔L〕	溶質〔mol〕 溶液〔L〕

Exercise

1 水100 gにスクロース25 gを溶かした水溶液の質量パーセント濃度は何%か。

(　　　　　　)%

← **1** 質量パーセント濃度〔%〕
$= \frac{溶質の質量〔g〕}{溶液の質量〔g〕} \times 100$

2 次の問いに答えよ。

(1) 食塩0.10 molを水に溶かして1.0 Lにした。この食塩水のモル濃度は何mol/Lか。

(　　　　　　)

← **2** モル濃度〔mol/L〕
$= \frac{溶質の物質量〔mol〕}{溶液の体積〔L〕}$

(2) 硫酸1.5 molを水に溶かして250 mLにした。この硫酸水溶液のモル濃度は何mol/Lか。

(　　　　　　)

← (2) 1000 mL＝1 L

(3) 0.10 mol/Lの酢酸水溶液10 mL中に溶けている酢酸の物質量は何molか。

(　　　　　　)

← (3) 溶質の物質量〔mol〕
＝モル濃度 c〔mol/L〕
×溶液の体積 V〔L〕

3 次の問いに答えよ。ただし，アボガドロ定数は6.0×10^{23}/molとし，原子量はH＝1.0，C＝12，O＝16，Na＝23とする。

(1) 質量2.0 gの水酸化ナトリウムを水に溶かして500 mLにした。この水酸化ナトリウム水溶液のモル濃度は何mol/Lか。

(　　　　　)

(2) ある食酢中の酢酸(分子式$C_2H_4O_2$)の濃度は0.70 mol/Lである。この食酢100 mL中に溶けている酢酸の質量は何gか。

(　　　　　)

4 水酸化ナトリウム4.0 gを水に溶解して1.0 Lの水溶液をつくった。この溶液の濃度は何mol/Lか。最も適当な数値を，次のうちから一つ選べ。

① 0.025　② 0.050　③ 0.10
④ 0.25　⑤ 0.50　⑥ 1.0

(　　　)mol/L

5 ブドウ糖(グルコース，分子量180)の質量パーセント濃度5.0 %水溶液は点滴に用いられている。この水溶液のモル濃度は何mol/Lか。最も適当な数値を，次のうちから一つ選べ。ただし，この水溶液の密度は1.0 g/cm^{3}とする。

① 0.028　② 0.056　③ 0.28
④ 0.56　⑤ 2.8　⑥ 5.6

(　　　)mol/L

← **3** (1)①質量〔g〕から物質量〔mol〕を求める。

②モル濃度〔mol/L〕を求める。

← (2)①水溶液のモル濃度〔mol/L〕と体積〔L〕から，溶質の物質量〔mol〕を求める。

②物質量〔mol〕から質量〔g〕を求める。

原子量は次の値を使用する。
H＝1.0, O＝16, Na＝23

← **4** 水酸化ナトリウムNaOH 4.0 gの物質量は何molか求める。

← **5** 質量パーセント濃度は溶液100 gに含まれる溶質の質量〔g〕であるから，この水溶液100 gには5.0 gのブドウ糖が含まれる。水溶液の密度が1.0 g/cm^{3}より，100 gは100 mLである。よって，1000 mLつまり1 Lの溶液には50 gのブドウ糖が含まれることになる。

4 化学変化と化学反応式

重要事項マスター

▶ 化学反応式

① 原子の組みかえが起こり，ある物質が他の物質に変わる変化を，(1　　　　)という。

② 物質を元素記号によって表したもの(組成式，分子式，構造式など)をまとめて(2　　　　)という。

③ (1　　　　)を(2　　　　)を用いて表した式を(3　　　　)といい，次の手順で書く。

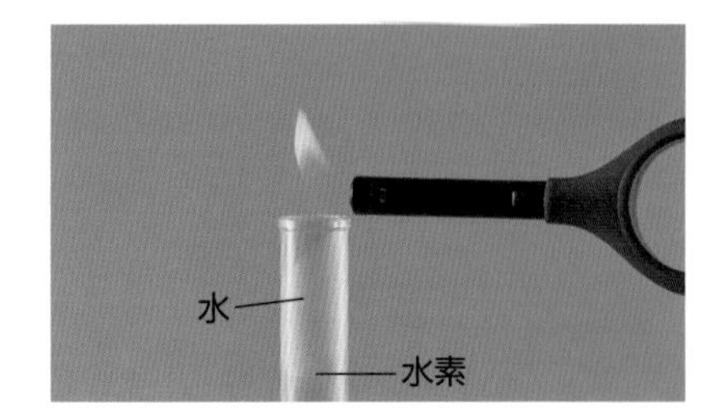

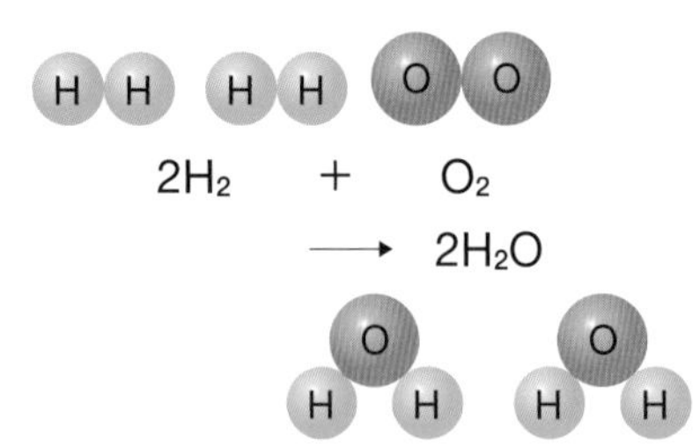

↑ 試験管内の水素が空気中の酸素と反応し，水が生成した。

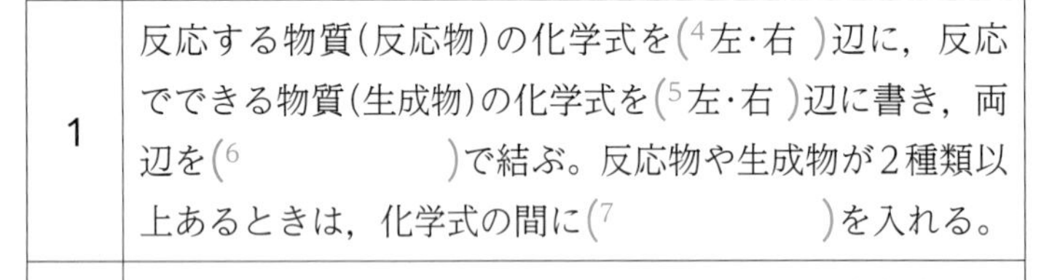

1	反応する物質(反応物)の化学式を(4左・右)辺に，反応でできる物質(生成物)の化学式を(5左・右)辺に書き，両辺を(6　　　　)で結ぶ。反応物や生成物が2種類以上あるときは，化学式の間に(7　　　　)を入れる。
2	両辺で原子の種類と数が等しくなるように，化学式の前に(8　　　　)をつける。(8　　　　)は最も簡単な整数の比とし，1は省略する。

▶ イオン反応式

④ 変化したイオンだけに注目して表した化学反応式を，特に(9　　　　)という。

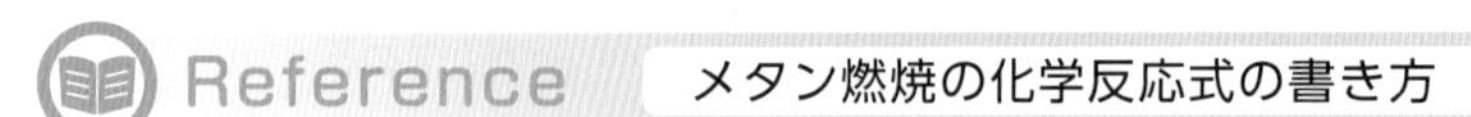

Reference　メタン燃焼の化学反応式の書き方

Step1　反応物の化学式を左辺に，生成物の化学式を右辺に書き，両辺を ⟶ で結ぶ。

$?\,CH_4 + ?\,O_2 \longrightarrow ?\,CO_2 + ?\,H_2O$

Step2　両辺で原子の種類と数が等しくなるよう化学式の前に係数をつける。

① 元素の種類が最も多い化学式の係数を1にする。たとえば，CH_4の係数を1にする(CO_2やH_2Oの係数を1にしてもよい)。

$1\,CH_4 + ?\,O_2 \longrightarrow ?\,CO_2 + ?\,H_2O$

② 係数をつけて，両辺で原子の種類と数を等しくする。このとき，3つ以上の化学式に含まれている原子の数を等しくするのは最後にする。次の手順で原子の数を両辺で等しくする。

Cに注目：$1\,CH_4 + ?\,O_2 \longrightarrow 1\,CO_2 + ?\,H_2O$

Hに注目：$1\,CH_4 + ?\,O_2 \longrightarrow 1\,CO_2 + 2\,H_2O$

Oに注目：$1\,CH_4 + 2\,O_2 \longrightarrow 1\,CO_2 + 2\,H_2O$

③ 係数の1を省略して完成。

$CH_4 + 2O_2 \longrightarrow CO_2 + 2H_2O$

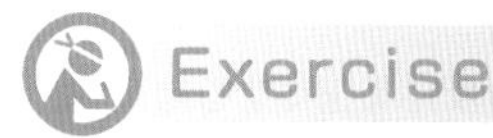

1 次の化学反応式を，[　　]に適切な係数をつけて完成させ，(　　)に書け。

(1) アルミニウムAlが燃焼する(酸素O_2と反応する)と，酸化アルミニウムAl_2O_3が生成する。

? Al + ? O_2 ⟶ ? Al_2O_3

《係数のつけ方》元素の種類が最も多いAl_2O_3の係数を1にして，両辺で原子の種類と数が同じになるよう係数をつける。係数が分数になってもよい。

? Al + ? O_2 ⟶ [　　] Al_2O_3

[　　] Al + ? O_2 ⟶ [　　] Al_2O_3

[　　] Al + $\frac{[\quad]}{[\quad]}$ O_2 ⟶ [　　] Al_2O_3

全部の係数を2倍して完成。

(　　　　　　　　　　　　　　　　　　　　)

(2) プロパンC_3H_8が完全燃焼すると，二酸化炭素CO_2と水H_2Oが生成する。

? C_3H_8 + ? O_2 ⟶ ? CO_2 + ? H_2O

《係数のつけ方》C_3H_8，CO_2，H_2Oのいずれかの係数を1にする。ここではC_3H_8の係数を1にしよう。原子の種類と数を同じにするときは，3つの化学式に含まれるO原子を最後にまわす。

[　　] C_3H_8 + ? O_2 ⟶ ? CO_2 + ? H_2O

[　　] C_3H_8 + ? O_2 ⟶ [　　] CO_2 + ? H_2O

[　　] C_3H_8 + ? O_2 ⟶ [　　] CO_2 + [　　] H_2O

[　　] C_3H_8 + [　　] O_2 ⟶ [　　] CO_2 + [　　] H_2O

係数の1を省略して完成。

(　　　　　　　　　　　　　　　　　　　　)

← **1** (2)十分な酸素のもとで，すべて燃焼しきることを完全燃焼という。
有機化合物が完全燃焼すると，CO_2とH_2Oが生成する。

(3) 二酸化硫黄SO_2と硫化水素H_2Sが反応すると，水H_2Oと硫黄Sが生成する。

? SO_2 + ? H_2S ⟶ ? H_2O + ? S

《係数のつけ方》SO_2，H_2S，H_2Oのいずれかの係数を1にする。ここではSO_2の係数を1にしよう。原子の種類と数を同じにするときは，3つの化学式に含まれるS原子を最後にまわす。

[　　] SO_2 + ? H_2S ⟶ ? H_2O + ? S

[　　] SO_2 + ? H_2S ⟶ [　　] H_2O + ? S

[　　] SO_2 + [　　] H_2S ⟶ [　　] H_2O + ? S

[　　] SO_2 + [　　] H_2S ⟶ [　　] H_2O + [　　] S

係数の1を省略して完成。

(　　　　　　　　　　　　　　　　　　　　)

2 次の化学反応式を書け。

(1) 塩素酸カリウム$KClO_3$に触媒の酸化マンガン(Ⅳ)を加えて加熱すると，塩化カリウムKClと酸素O_2ができる。

(　　　　　　　　　　　　　　　　　　　　　　)

(2) マグネシウムMgと塩酸HClを反応させると，塩化マグネシウム$MgCl_2$が生成し，水素H_2が発生する。

(　　　　　　　　　　　　　　　　　　　　　　)

(3) エタノールC_2H_6Oが燃焼すると，二酸化炭素CO_2と水H_2Oが生成する。

(　　　　　　　　　　　　　　　　　　　　　　)

(4) エチレンC_2H_4が燃焼すると，二酸化炭素CO_2と水H_2Oが生成する。

(　　　　　　　　　　　　　　　　　　　　　　)

←**2** 反応を速くする物質(触媒)や溶媒の水など，反応の前後で変化しない物質は，化学反応式に書かない。

←(3)燃焼とは，酸素O_2と反応すること。

3 次の化学反応式を書け。

(1) 白金Ptを触媒にして水を分解すると，水素H_2と酸素O_2が生成する。

(　　　　　　　　　　　　　　　　　　　　　　)

(2) 硝酸銀$AgNO_3$の水溶液に亜鉛Znを浸すと，硝酸亜鉛$Zn(NO_3)_2$の水溶液と銀Agになる。

(　　　　　　　　　　　　　　　　　　　　　　)

(3) バリウムBaに水H_2Oを加えると，水酸化バリウム$Ba(OH)_2$が生成し，水素H_2が発生する。

(　　　　　　　　　　　　　　　　　　　　　　)

←**3** 反応を速くする物質(触媒)や溶媒の水など，反応の前後で変化しない物質は，化学反応式に書かない。

←(2)硝酸銀は，Ag^+とNO_3^-からなる物質。硝酸亜鉛は，Zn^{2+}とNO_3^-からなる物質。

←(3)水酸化バリウムは，Ba^{2+}とOH^-からなる物質。

4 次の(　　)内に係数を記入し，イオン反応式を完成させよ。ただし，1も書くこと。

(1) (ア　　)Ba^{2+} + (イ　　)SO_4^{2-} ⟶ (ウ　　)$BaSO_4$

(2) (ア　　)Pb^{2+} + (イ　　)Cl^- ⟶ (ウ　　)$PbCl_2$

(3) (ア　　)Zn + (イ　　)H^+ ⟶ (ウ　　)Zn^{2+} + (エ　　)H_2

(4) (ア　　)I^- + (イ　　)Cl_2 ⟶ (ウ　　)I_2 + (エ　　)Cl^-

← **4** イオン反応式では，両辺の電荷の和を等しくする。

5 次の問いに答えよ。

(1) **2** の(2)の反応のイオン反応式を書け。

(　　　　　　　　　　　　　　　　)

(2) **3** の(2)の反応のイオン反応式を書け。

(　　　　　　　　　　　　　　　　)

← **5** HClは，H^+とCl^- $MgCl_2$は，Mg^{2+}とCl^-からなる。

← (1)左右両辺に共通するイオンを除く。

← (2)左右両辺に共通するイオンを除く。

Work　未定係数法による係数の決定

複雑な化学反応式の係数を決めるとき，時間はかかるが次のような決め方をすることもできる。

《例題》 次の化学反応式の係数をつけよ。

aCu + $b$$HNO_3$ ⟶ $x$$Cu(NO_3)_2$ + yNO + $z$$H_2O$

《解答》

Cuの数より $a = x$　(1)

Hの数より $b = 2z$　(2)

Nの数より $b = 2x + y$　(3)

Oの数より $3b = 6x + y + z$　(4)　となる。

ここで，$x = 1$とすると，

(1)～(4)より，$a = 1$，$b = \frac{8}{3}$，$x = 1$，$y = \frac{2}{3}$，$z = \frac{4}{3}$ となる。

つまり，

(1　　)Cu + (2　　)HNO_3 ⟶ (3　　)$Cu(NO_3)_2$ + (4　　)NO + (5　　)H_2O

係数を最も簡単な整数比にするため，両辺を3倍する。

(6　　)Cu + (7　　)HNO_3 ⟶ (8　　)$Cu(NO_3)_2$ + (9　　)NO + (10　　)H_2O

3章 物質の変化

5 化学反応式と量的関係

重要事項マスター

▶ 化学反応式と量的関係

化学反応式では，反応前後の各物質に次の関係が成り立つ。

化学反応式の(1)の比＝物質量の比＝同温・同圧の気体の体積の比

Work 化学反応式と量的関係

次の(　)をうめて表を完成させよう。

	反応前(反応物)				反応後(生成物)		
化学反応式	$1CH_4$	+	$2O_2$	→	$1CO_2$	+	$2H_2O$
係数	(1)		(2)		(3)		(4)
分子数	CH_4 (5)×6.0×10^{23}個		O_2 (6)個		CO_2 (7)個		H_2O (8)個
物質量	(9) mol		(10) mol		(11) mol		(12) mol
質量	(13)× 16 g (16 g	+	(14)× 32 g 64 g	=	(15)× 44 g 44 g	+	(16)× 18 g 36 g)
気体の体積	CH_4 1 22.4 L		O_2 2		CO_2 1		[H_2O]
気体の体積比	標準状態で (17)× 22.4 L		(18)× 22.4 L		(19)× 22.4 L		――

Exercise

1 次の文章中の(ア　)～(ク　)に数値を記入し，文章を完成させよ。

一酸化炭素COが燃焼して(酸素O_2と反応して)二酸化炭素CO_2ができるときの化学反応式は次のようになる。

$$2CO + O_2 \longrightarrow 2CO_2$$

この化学反応式の係数から，2 molのCOの燃焼には(ア　　)molのO_2が必要であり，その結果(イ　　)molのCO_2が生成することがわかる。したがって，4 molのCOがあれば，その燃焼には(ウ　　)molのO_2が必要であり，その結果(エ　　)molのCO_2が生成する。

また，反応の前後で，温度が同じで圧力も同じ(同温・同圧)なら，2 LのCOの燃焼には(オ　　)LのO_2が必要で，(カ　　)LのCO_2が生成することがわかる。したがって，6 LのCOがあれば，その燃焼には(キ　　)LのO_2が必要で，(ク　　)LのCO_2が生成する。

← **1** 同温・同圧の気体の場合，同じ物質量なら同じ体積を占める。

2 次の表の空欄をうめよ。原子量はH＝1.0，N＝14とする。

化学反応式	$3H_2$ + N_2	⟶	$2NH_3$
分子数	3 × 6.0 × 10^{23} 個	1　　個	2　　個
物質量	3　　mol	1 mol	4　　mol
質量	3 × 2.0 g	5　　g	6　　g
気体の体積(標準状態)	(7　　) × 22.4 L	1 × 22.4 L	(8　　) × 22.4 L
気体の体積比(同温・同圧)	(9　　) ：	1 ：	(10　　)

3 次の化学反応式について，下の問いに答えよ。

$$2Na + 2H_2O \longrightarrow 2NaOH + H_2$$

(1) ナトリウムが2.0 molのとき，発生する水素は何molか。

(　　　　)

(2) ナトリウムが2.0 molのとき，生成する水酸化ナトリウムは何molか。

(　　　　)

(3) ナトリウムが1.0 molのとき，発生する水素は何molか。

(　　　　)

(4) ナトリウムが1.0 molのとき，生成する水酸化ナトリウムは何molか。

(　　　　)

← **3** 化学反応式では係数の比＝物質量の比

4 次の文章中の(ア　　)~(キ　　)に数値を記入し，文章を完成させよ。原子量はO=16，Mg=24とする。

3.6 gのマグネシウムMgが燃焼して(酸素O_2と反応して)酸化マグネシウムMgOができるときに必要な酸素の標準状態における体積を，化学反応式の量的関係の考え方にそって考えてみよう。

(1) 化学反応式は次のようになる。
(ア　　)Mg + O_2 ⟶ (イ　　)MgO

(2) 与えられた量を物質量で表す。与えられた量はMgの質量3.6 gである。Mgのモル質量は(ウ　　)g/molなので，質量が3.6 gのMgの物質量は次のようになる。

$$\frac{3.6\ \mathrm{g}}{(\text{ウ}\qquad)\ \mathrm{g/mol}} = (\text{エ}\qquad)\ \mathrm{mol}$$

(3) 化学反応式の係数の比＝物質量の比の関係を使い，求める量を物質量で表す。MgとO_2の係数の比から，(ア　　)molのMgの燃焼には1 molのO_2が必要である。したがって，(2)で求めた(エ　　)molのMgの燃焼には(オ　　)molのO_2が必要になる。

(4) 求める量を指定された単位の量にする。(3)で求めた(オ　　)molのO_2が，標準状態における体積で何Lになるかを計算する。標準状態では気体1 molあたりの体積は気体の種類に関係なく(カ　　)L/molだから，
(オ　　)mol×(カ　　)L/mol≒(キ　　)L

計算の手順を図にすると，次のようになる。

化学反応式	(ア　　)Mg　+　O_2　⟶ (イ　　)MgO　(1)
物質量	(エ　　)mol ⟶(3) (オ　　)mol (2)↑　　↓(4)
質量	3.6 g　↓
体積	(キ　　)L

マグネシウムは明るい光を出しながら激しく燃える。このため花火にも利用される。マグネシウムは燃焼後に，白色の酸化マグネシウムMgOになる。

← **4** 化学変化の量的な関係の考え方

①化学反応式を書く。

②与えられた量を物質量にする。

③化学反応式の係数の比＝物質量の比の関係を使い，求める量を物質量で表す。

④求める量を指定された単位の量にする。

5 標準状態で11.2 LのプロパンC_3H_8が完全燃焼して二酸化炭素CO_2と水H_2Oになると，反応で生成する二酸化炭素の質量は何gか。(1)〜(4)を参考にして，下の表の(ア　)〜(エ　)をうめよ。原子量はH＝1.0，C＝12，O＝16とする。

(1) 化学反応式を書く。

(　　　　　　　　　　)

(2) 与えられた量を物質量で表す。与えられた量は標準状態におけるC_3H_8の体積11.2 Lである。

(　　　　　　　　　　)

(3) 化学反応式の係数の比＝物質量の比の関係を使い，求めたい二酸化炭素の量を物質量で表す。

(　　　　　　　　　　)

(4) 二酸化炭素の物質量を指定された単位の量にする。

(　　　　　　　　　　)

化学反応式	C_3H_8 ＋ $5O_2$ ⟶ (ア　)CO_2 ＋ $4H_2O$ (1)
物質量	(イ　)mol ⟶(3) (ウ　)mol (2)↑ ↓(4)
質量	↑ (エ　)g
体積	11.2 L

プロパンガス

← **5** **4** の化学変化の量的な関係の考え方にそって考える。

①化学反応式を書く。

②与えられた量を物質量にする。

③化学反応式の係数の比＝物質量の比の関係を使い，求める量を物質量で表す。

④求める量を指定された単位の量にする。

3章 物質の変化

6 次の化学反応式で表される，一酸化炭素COと酸素O_2の反応について，次の問いに答えよ。原子量はC＝12，O＝16とする。

$$2CO + O_2 \longrightarrow 2CO_2$$

(1) 一酸化炭素1.0 molと酸素2.0 molからなる混合気体に点火した。一酸化炭素がすべて反応したとき，①生成した二酸化炭素，②残った酸素は，それぞれ何molか。

①（　　　　）
②（　　　　）

(2) 同温・同圧で，一酸化炭素10 Lと酸素20 Lからなる混合気体に点火した。一酸化炭素がすべて反応したとき，①残っている酸素は何Lか。②反応後の気体の全体積は何Lか。

①（　　　　）
②（　　　　）

(3) 標準状態で，11.2 Lの一酸化炭素が燃焼したとき，生成する二酸化炭素は何gか。

（　　　　）

← **6** (1)一酸化炭素に対して，酸素が過剰に存在する。つまり，一酸化炭素はすべて反応するが，酸素は反応に使われなかった分が残る。

← (2)反応に使われず残った気体(酸素)と，反応によってできた気体(二酸化炭素)が残る。

7 炭酸カルシウム$CaCO_3$と塩酸(塩化水素HClの水溶液)が反応すると，塩化カルシウム$CaCl_2$と水H_2Oができ，二酸化炭素CO_2が発生する。2.5 gの炭酸カルシウムに十分な量の塩酸を加えてこの反応をおこなった。これについて，次の問いに答えよ。原子量はC＝12，O＝16，Ca＝40とする。

(1) この反応の化学反応式を書け。

（　　　　　　　　　　　　　　　　）

(2) このとき発生した二酸化炭素の質量は何gか。

（　　　　）

(3) このとき反応した塩化水素の物質量は何molか。

（　　　　）

(4) モル濃度が2.0 mol/Lの塩酸を使うと，(3)の物質量の塩化水素を得るために必要な塩酸の体積は何mLか。

（　　　　）

← **7** 化学変化の量的な関係の考え方にそって考える。

①化学反応式を書く。

②与えられた量を物質量で表す。

③化学反応式の係数の比＝物質量の比の関係を使い，求める物質の量を物質量で表す。

④求める物質の物質量を指定された単位の量にする。

8 1 molのプロパンC_3H_8を完全燃焼させた。このとき，a molの酸素が消費され，b molの二酸化炭素とc molの水が生成した。数値(a ～ c)の組み合わせとして最も適当なものを，次のうちから一つ選べ。

	a	b	c
①	5	3	4
②	10	3	4
③	5	3	8
④	10	6	4
⑤	5	6	8
⑥	10	6	8

(　　)

原子量は次の値を使用する。
H=1.0, C=12, O=16, Na=23

← 8 化学反応式の係数の比＝物質量の比

9 十分な量の水にナトリウムを加えたところ，次の反応により水素が発生した。

$$2Na + 2H_2O \longrightarrow 2NaOH + H_2$$

反応したナトリウムの質量と発生した水素の物質量の関係を表す直線として最も適当なものを，次のうちから一つ選べ。

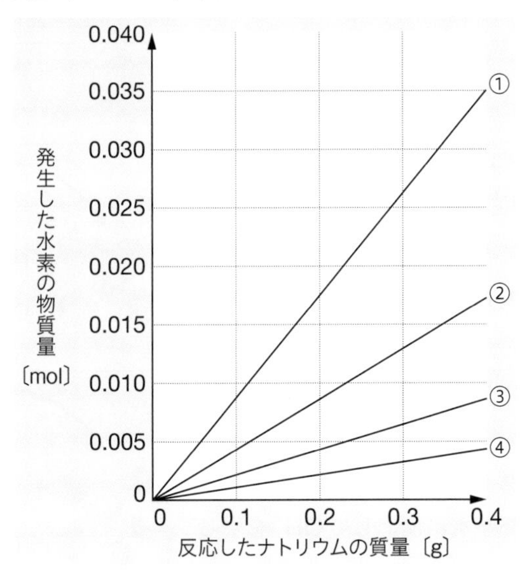

(　　)

← 9 化学反応式の係数の比＝物質量の比

10 ある有機化合物0.80 gを完全に燃焼させたところ，1.1 gの二酸化炭素と0.90 gの水のみが生成した。この有機化合物の化学式として最も適当なものを，次のうちから一つ選べ。

① CH_4　② CH_3OH　③ HCHO
④ C_2H_4　⑤ C_2H_5OH　⑥ CH_3COOH

(　　)

← 10 有機化合物の燃焼では酸素との反応により二酸化炭素と水を生じる。

3章 物質の変化

1 酸と塩基

重要事項マスター

酸性と塩基性の性質

酸性	・(1 　　)味がある。 ・(2 　　)色リトマス紙を(3 　　)色に変える。 ・亜鉛などの(4 　　)と反応して(5 　　)を発生させる。 ・酸の性質を(6 　　)性という。 例　塩化水素HCl，硫酸H_2SO_4，酢酸CH_3COOHなど	酸
塩基性	・(7 　　)と反応して(7 　　)性を打ち消す。 ・(8 　　)色リトマス紙を(9 　　)色に変える。 ・塩基の性質を(10 　　)性という。 例　水酸化ナトリウムNaOH，水酸化カルシウム$Ca(OH)_2$，アンモニアNH_3など	塩基

アレニウスの定義

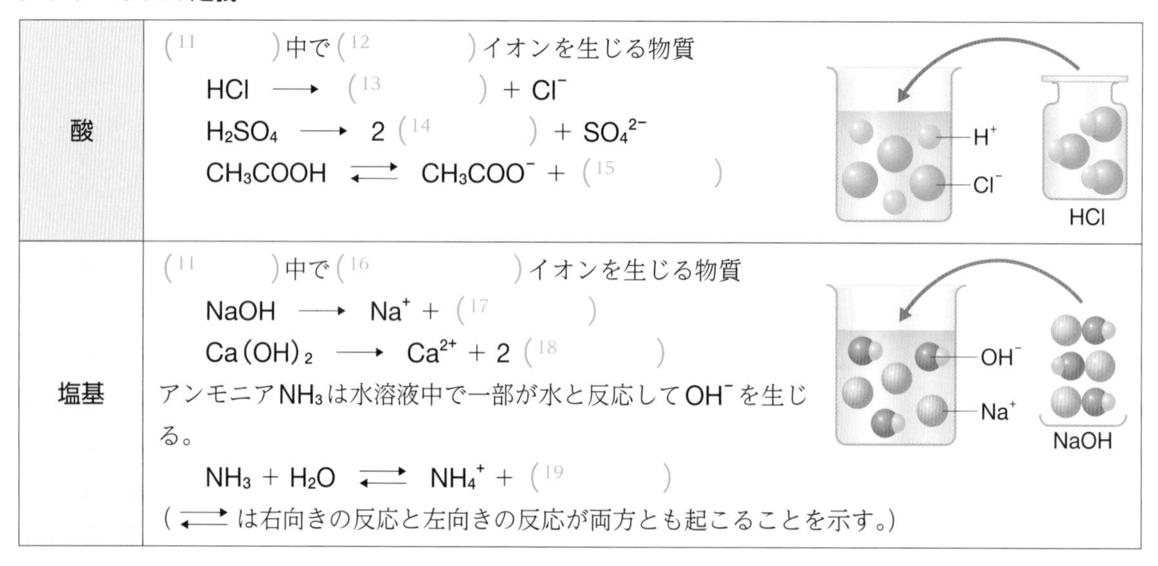

酸	(11 　　)中で(12 　　)イオンを生じる物質 $HCl \longrightarrow$ (13 　　) + Cl^- $H_2SO_4 \longrightarrow 2$ (14 　　) + SO_4^{2-} $CH_3COOH \rightleftarrows CH_3COO^-$ + (15 　　)
塩基	(11 　　)中で(16 　　)イオンを生じる物質 $NaOH \longrightarrow Na^+$ + (17 　　) $Ca(OH)_2 \longrightarrow Ca^{2+} + 2$ (18 　　) アンモニアNH_3は水溶液中で一部が水と反応してOH^-を生じる。 $NH_3 + H_2O \rightleftarrows NH_4^+$ + (19 　　) ($\rightleftarrows$ は右向きの反応と左向きの反応が両方とも起こることを示す。)

ブレンステッド・ローリーの定義

酸	塩基
酸とはH^+を(20 　　)る物質	塩基とはH^+を(21 　　)る物質

塩基　酸

$NH_3 + HCl \longrightarrow NH_4Cl$
$(NH_4^+ + Cl^-)$

H^+

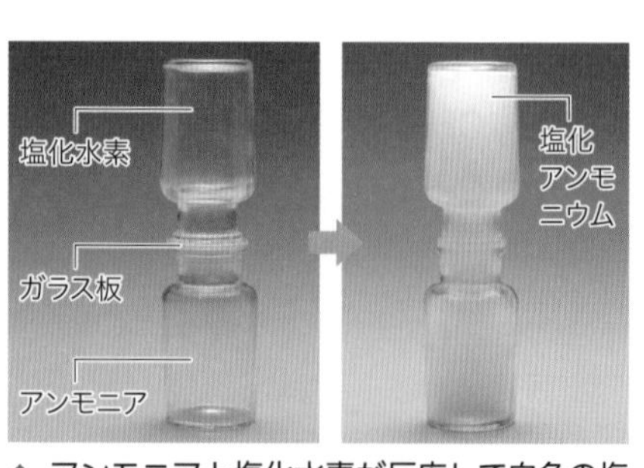

↑ アンモニアと塩化水素が反応して白色の塩化アンモニウムの微粒子が生成し，白煙のように見える。

 Exercise

1 次の物質の水溶液は酸性と塩基性のどちらを示すか。それぞれ適する方に○をつけよ。

(1) 塩化水素　[酸性・塩基性]
(2) アンモニア　[酸性・塩基性]
(3) 水酸化カルシウム　[酸性・塩基性]
(4) 酢酸　[酸性・塩基性]
(5) 硫酸　[酸性・塩基性]

←**1** 酸と塩基の定義を覚える。

(2)水溶液中でNH_3の一部が水と反応することから考える。

2 塩酸と水酸化ナトリウム水溶液を，それぞれ青色リトマス紙と赤色リトマス紙につけたときの色の変化を，次の表にまとめよ。

物質名	青色リトマス紙	赤色リトマス紙
塩酸（塩化水素の水溶液）	1 ［　］色	2 ［　］色
水酸化ナトリウム水溶液	3 ［　］色	4 ［　］色

←**2** BTBは酸性で黄色，中性で緑色，塩基性で青色となる。フェノールフタレインは塩基性で赤色となる。

3 亜鉛を酸の水溶液に入れたときの反応を化学反応式で表したとき，[　　]に適する化学式を書け。

(1) $Zn + 2HCl \longrightarrow ZnCl_2 +$ [　　　　]
(2) $Zn + H_2SO_4 \longrightarrow ZnSO_4 +$ [　　　　]

←**3** 酸の水溶液は亜鉛などの金属と反応して水素を発生させる。

4 物質の電離を次のように表したとき，[　　]に適するイオンの化学式を書け。また，下線で示した各物質は，酸か塩基か。それぞれ適する方に○をつけよ。

(1) $\underline{HNO_3} \longrightarrow$ [　　　　] $+ NO_3^-$
[酸・塩基]

(2) $\underline{KOH} \longrightarrow K^+ +$ [　　　　]
[酸・塩基]

(3) $\underline{H_2SO_4} \longrightarrow 2$ [　　　　] $+ SO_4^{2-}$
[酸・塩基]

(4) $Ba(OH)_2 \longrightarrow Ba^{2+} + 2$ [　　　　]
[酸・塩基]

←**4** アレニウスの定義では，酸とは水溶液中でH^+を生じる物質，塩基とはOH^-を生じる物質である。

5 次の化学反応式の下線で示した物質は，酸か塩基か。それぞれ適する方に○をつけよ。

(1) $NH_3 + \underline{HCl} \longrightarrow NH_4Cl$
[酸・塩基]

(2) $NH_3 + \underline{H_2O} \rightleftarrows NH_4^+ + OH^-$
[酸・塩基]

←**5** H^+のやりとりから考える。

2 酸・塩基の価数と強弱

重要事項マスター

▶ 酸・塩基の価数

酸	酸の化学式の中で，電離して水素イオンH^+になることができるHの数を酸の（1　　　）という。	$HCl \longrightarrow H^+ + Cl^-$ $H_2SO_4 \longrightarrow 2H^+ + SO_4^{2-}$	（2　　　）価 （3　　　）価
塩基	塩基の化学式の中で，電離して水酸化物イオンOH^-になることができるOHの数を塩基の（1　　　）という。	$NaOH \longrightarrow Na^+ + OH^-$ $Ca(OH)_2 \longrightarrow Ca^{2+} + 2OH^-$ $NH_3 + H_2O \rightleftarrows NH_4^+ + OH^-$	（4　　　）価 （5　　　）価 （6　　　）価

▶ 酸・塩基の電離しやすさ

① 同じモル濃度の塩酸と酢酸水溶液を比較すると，塩酸の方が電気をよく通し，マグネシウムとの反応も激しい。これはHClの方がCH_3COOHよりも（7　　　）している割合が大きく，H^+が多いためである。

●0.1 mol/Lの塩酸　Mgとの反応

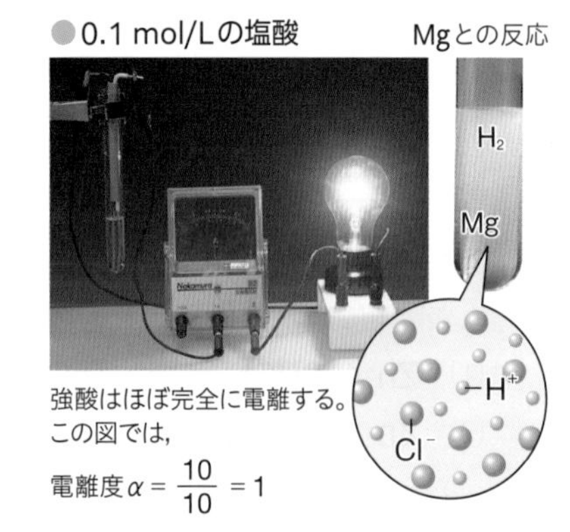

強酸はほぼ完全に電離する。この図では，

電離度$\alpha = \dfrac{10}{10} = 1$

▶ 酸・塩基の電離度と強弱

② 酸や塩基のような電解質が水溶液中で電離している割合を（8　　　）といい，αで表す。

$$\text{電離度}\,\alpha = \frac{\text{電離した電解質の物質量}}{\text{溶解した電解質の物質量}}$$

HClのように電離度αが（9　　　）に近い酸は，ほぼ完全に電離するため，多くの（10　　　）を生じ，酸としての働きが（11 強・弱）い。

このような酸を（12　　　）という。

逆に，CH_3COOHのように電離度αが（13　　　）に近い酸は，ほとんど電離せず，（14　　　）が少ないため，酸としての働きが（15 強・弱）い。

このような酸を（16　　　）という。

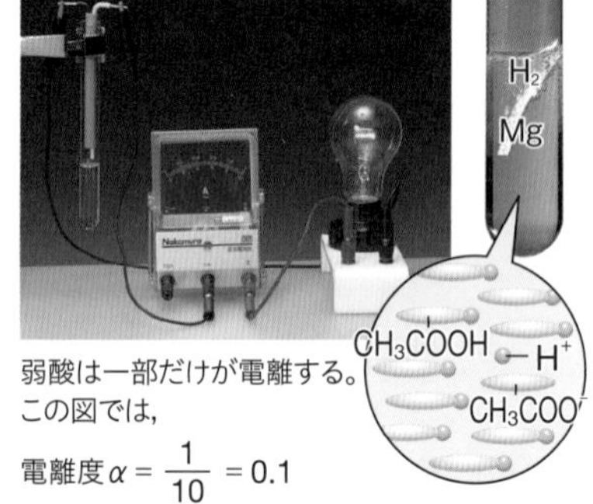

弱酸は一部だけが電離する。この図では，

電離度$\alpha = \dfrac{1}{10} = 0.1$

Exercise

1 語群に示した酸を，表に分類せよ。

	強酸	弱酸
1価	1	2
2価	3	4

［語群］H_2CO_3　HCl　HNO_3　CH_3COOH　H_2SO_4

← **1** 価数と酸の強弱は関連しない。

2 語群に示した塩基を，表に分類せよ。

	強塩基	弱塩基
1価	1	2
2価	3	

［語群］NaOH　KOH　NH_3　$Ca(OH)_2$

3 次の文中の（　）に適する語句を，下の語群より選べ。ただし，同じ語句をくり返し記入してもよい。

電解質が水溶液中で電離している割合を（ア　　）という。

塩化水素HClなどの（イ　　）が（ウ　　）い酸は，水に溶けたときに多くの（エ　　）イオンを生じる。このような酸を（オ　　）という。酢酸CH_3COOHなどの（カ　　）が（キ　　）い酸は，水に溶けたときに（ク　　）イオンが少ししか生じない。このような酸を（ケ　　）という。

水酸化ナトリウムNaOHなどの（コ　　）が（サ　　）い塩基は，水に溶けたときに（シ　　）イオンを多く生じる。このような塩基を（ス　　）という。アンモニアNH_3などの（セ　　）が（ソ　　）い塩基は，水に溶けたときに（タ　　）イオンが少ししか生じない。このような塩基を（チ　　）という。

［語群］大き　小さ　電離度　水酸化物　水素
弱酸　弱塩基　強酸　強塩基

4 0.1 molのHClを水に溶かし，1 Lとした。HClの電離度を1とするとき，水溶液中のH^+，Cl^-のモル濃度をそれぞれ求めよ。

H^+のモル濃度（　　mol/L）

Cl^-のモル濃度（　　mol/L）

5 0.10 molの酢酸を水に溶かし，1.0 Lとした。このとき電離して生じた水素イオンの物質量は，1.3×10^{-3} molであった。これについて次の問いに答えよ。

(1) 酢酸は何価の酸か。（　　価）

(2) この酢酸水溶液中のH^+のモル濃度を求めよ。

（　　mol/L）

(3) 酢酸の電離度はいくらか。

（　　）

← **2** 価数と塩基の強弱は関連しない。

← **3** 強酸と弱酸，強塩基と弱塩基の違いは，電離度の大きさによる。

← **4** 塩化水素HClは水溶液中で完全に電離する。
$HCl \longrightarrow H^+ + Cl^-$
水溶液中には，H^+もCl^-も0.1 mol溶けていることになる。

← **5** (1) 酢酸CH_3COOHは，水溶液中で次のように電離して水素イオンH^+を生じる。
$CH_3COOH \rightleftarrows CH_3COO^- + H^+$

← (2) 酢酸水溶液1.0 L中に，電離して生じた水素イオンは1.3×10^{-3} mol含まれる。

← (3) 溶解した0.10 molの酢酸のうち，1.3×10^{-3} molだけが電離し，H^+が生じた。

3 水素イオン濃度とpH

重要事項マスター

H⁺とOH⁻の関係

① 水は，わずかに電離して，(1　　　　)イオンと(2　　　　)イオンを生じる。

$H_2O \longrightarrow H^+ + OH^-$

純水中だけでなく，酸や塩基の水溶液中でも，H^+とOH^-は存在する。
H^+のモル濃度((3　　　　)イオン濃度)は$[H^+]$と表す。
OH^-のモル濃度((4　　　　)イオン濃度)は$[OH^-]$と表す。

水のイオン積 発展

② 水溶液中では，$[H^+]$と$[OH^-]$の(5　　　　)は一定であり，この値を(6　　　　)という。25℃では，

$[H^+][OH^-] = 1.0\times10^{-14}\,(mol/L)^2$

水溶液の酸性・中性・塩基性とpH

③ 水溶液の酸性・塩基性の程度は，水溶液中の(3　　　　)イオン濃度$[H^+]$と(4　　　　)イオン濃度$[OH^-]$の大小で決まる。水のイオン積から$[OH^-]$は$[H^+]$を使って表せるため，実際は$[H^+]$だけで決まるといってよい。ただし，$[H^+]$は非常に小さい値をとるので(7　　　　)という数値を使う。

$[H^+] = 1.0\times10^{-n}$ mol/Lのとき，pH = n

(8　　　　)性	pH < 7
(9　　　　)性	pH = 7
(10　　　　)性	pH > 7

$[OH^-]$	$[H^+]$	pH	水溶液の性質
10^{-14}	1	0	酸性
10^{-13}	10^{-1}	1	
10^{-12}	10^{-2}	2	
10^{-11}	10^{-3}	3	
10^{-10}	10^{-4}	4	
10^{-9}	10^{-5}	5	
10^{-8}	10^{-6}	6	
10^{-7}	10^{-7}	7	中性
10^{-6}	10^{-8}	8	
10^{-5}	10^{-9}	9	
10^{-4}	10^{-10}	10	
10^{-3}	10^{-11}	11	
10^{-2}	10^{-12}	12	
10^{-1}	10^{-13}	13	
1	10^{-14}	14	塩基性

強酸・強塩基の濃度変化とpH

④ 強酸の水溶液を水で10倍にうすめて濃度を$\frac{1}{10}$にするとpHは1(11 小さく・大きく)なる。強塩基の水溶液を水で10倍にうすめると，pHは1(12 小さく・大きく)なる。

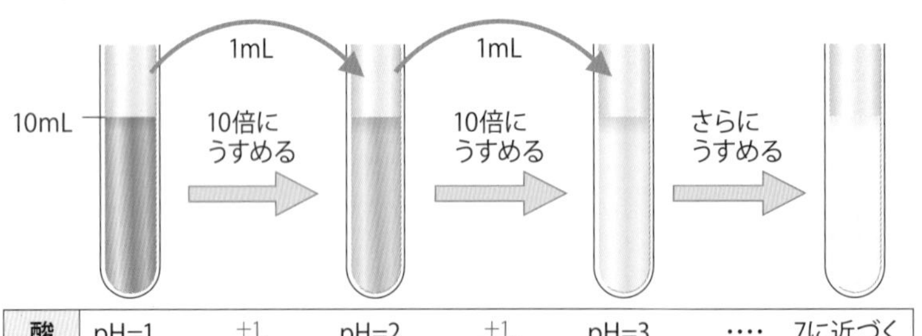

酸	pH=1	+1→	pH=2	+1→	pH=3	････ 7に近づく
塩基	pH=13	−1→	pH=12	−1→	pH=11	････ 7に近づく

pH指示薬

↑ 万能pH試験紙

⑤ 水溶液のpHによって特有の色を示す色素を(13 　　　　)という。たとえば，フェノールフタレインは酸性で(14 　　　　)色，塩基性で(15 　　　　)色を示す。pH指示薬にはいろいろな種類があり，変色するpHの範囲((16 　　　　))が異なるので，pHの測定に利用できる。

Reference　pH指示薬の変色域

酸性 ← 中性 → 塩基性

pH	0 ～ 14
メチルオレンジ MO 変色域 (3.1～4.4)	赤 → 黄
フェノールフタレイン PP 変色域 (8.0～9.8)	無色 → 赤
ブロモチモールブルー BTB 変色域 (6.0～7.6)	黄 → 緑 → 青
万能pH試験紙	

Exercise

1 次の酸または塩基の水溶液1L中に含まれるH^+またはOH^-の物質量を求めよ。

(1) 1 mol/Lの塩酸1L中に含まれるH^+

(　　　　mol)

(2) 0.01 mol/Lの硝酸水溶液1Lに含まれるH^+

(　　　　mol)

(3) 0.3 mol/Lの水酸化ナトリウム水溶液1L中に含まれるOH^-

(　　　　mol)

(4) 0.1 mol/Lの酢酸水溶液1L中に含まれるH^+
(酢酸の電離度を0.01とする)

(　　　　mol)

(5) 0.2 mol/Lのアンモニア水溶液1L中に含まれるOH^-
(アンモニアの電離度を0.01とする)

(　　　　mol)

← **1** 強酸・強塩基の電離度は1とみなす。
(1)塩酸の電離
$HCl \longrightarrow H^+ + Cl^-$
(2)硝酸の電離
$HNO_3 \longrightarrow H^+ + NO_3^-$
(3)水酸化ナトリウムの電離
$NaOH \longrightarrow Na^+ + OH^-$

← (4)酢酸の電離
$CH_3COOH \rightleftarrows CH_3COO^- + H^+$
酢酸水溶液中のH^+の物質量は(酢酸の物質量)×(電離度)

← (5)アンモニア水溶液中のOH^-の物質量は(アンモニアの物質量)×(電離度)

2 次の空欄をうめて，表を完成させよ。

発展

pH	$[H^+]$	$[OH^-]$
2	1 mol/L	10^{-12} mol/L
4	10^{-4} mol/L	2 mol/L
6	3 mol/L	10^{-8} mol/L
9	10^{-9} mol/L	4 mol/L
11	5 mol/L	10^{-3} mol/L

← **2** 水のイオン積(25℃)
$[H^+][OH^-] = 1.0 \times 10^{-14}(mol/L)^2$

3 次の水素イオン濃度$[H^+]$の水溶液のpHを求めよ。また，それぞれの水溶液が酸性か中性か塩基性か，適するものに○をつけよ。

(1) $[H^+] = 1.0 \times 10^{-4}$ mol/L　(pH= 　　)
[酸性・中性・塩基性]

(2) $[H^+] = 1.0 \times 10^{-6}$ mol/L　(pH= 　　)
[酸性・中性・塩基性]

(3) $[H^+] = 1.0 \times 10^{-7}$ mol/L　(pH= 　　)
[酸性・中性・塩基性]

(4) $[H^+] = 1.0 \times 10^{-9}$ mol/L　(pH= 　　)
[酸性・中性・塩基性]

(5) $[H^+] = 1.0 \times 10^{-10}$ mol/L　(pH= 　　)
[酸性・中性・塩基性]

← **3** $[H^+] = 1.0 \times 10^{-n}$ mol/L のとき $pH = n$

酸性	pH < 7
中性	pH = 7
塩基性	pH > 7

4 0.1 molの塩化水素を水に溶かし，1 Lの塩酸とした。

(1) この塩酸1 L中に含まれるH^+の物質量を求めよ。
(　　mol)

(2) この塩酸の水素イオン濃度$[H^+]$を求めよ。
(　　mol/L)

(3) この塩酸のpHを求めよ。
(　　)

← **4** 塩化水素は1価の強酸なので，水溶液中でほぼ完全に電離する。

← (2)モル濃度〔mol/L〕$= \dfrac{溶質の物質量〔mol〕}{溶液の体積〔L〕}$

← (3) $[H^+] = 1.0 \times 10^{-n}$ mol/L のとき $pH = n$

5 0.2 molの酢酸を水に溶かし，2 Lの酢酸水溶液とした。
(酢酸の電離度を0.01とする。)

(1) この酢酸水溶液2 L中に含まれるH^+の物質量を求めよ。
(　　mol)

(2) この酢酸水溶液の水素イオン濃度$[H^+]$を求めよ。
(　　mol/L)

(3) この酢酸水溶液のpHを求めよ。
(　　)

← **5** 酢酸は弱酸なので，水溶液中で一部が電離する。
(1) H^+の物質量は，(酢酸の物質量)×(電離度)

← (2)モル濃度〔mol/L〕$= \dfrac{溶質の物質量〔mol〕}{溶液の体積〔L〕}$

← (3) $[H^+] = 1.0 \times 10^{-n}$ mol/L のとき $pH = n$

6 0.05 molの水酸化ナトリウムを水に溶かし，500 mLの水酸化ナトリウム水溶液とした。

(1) この水酸化ナトリウム水溶液500 mL中に含まれるOH^-の物質量を求めよ。

(mol)

(2) この水酸化ナトリウム水溶液に含まれるOH^-のモル濃度$[OH^-]$を求めよ。

(mol/L)

発展 (3) この水酸化ナトリウム水溶液の水素イオン濃度$[H^+]$を求めよ。

(mol/L)

(4) この水酸化ナトリウム水溶液のpHを求めよ。

( )

← **6** 水酸化ナトリウムは1価の強塩基なので，水溶液中でほぼ完全に電離する。

← (2)モル濃度〔mol/L〕$= \frac{溶質の物質量〔mol〕}{溶液の体積〔L〕}$

← (3)水のイオン積(25℃) $[H^+][OH^-] = 1.0 \times 10^{-14} (mol/L)^2$

← (4) $[H^+] = 1.0 \times 10^{-n}$ mol/L のとき pH = n

7 0.05 molのアンモニアを水に溶かし，500 mLのアンモニア水溶液とした。(アンモニアの電離度を0.01とする。)

(1) このアンモニア水溶液500 mL中に含まれるOH^-の物質量を求めよ。 (mol)

(2) このアンモニア水溶液に含まれるOH^-のモル濃度$[OH^-]$を求めよ。 (mol/L)

発展 (3) このアンモニア水溶液の水素イオン濃度$[H^+]$を求めよ。

(mol/L)

(4) このアンモニア水溶液のpHを求めよ。 ( )

← **7** アンモニアは1価の弱塩基で，一部が水と反応して，OH^-が生じる。
(1)OH^-の物質量は，(アンモニアの物質量)×(電離度)

← (2)モル濃度〔mol/L〕$= \frac{溶質の物質量〔mol〕}{溶液の体積〔L〕}$

← (3)水のイオン積(25℃) $[H^+][OH^-] = 1.0 \times 10^{-14} (mol/L)^2$

← (4) $[H^+] = 1.0 \times 10^{-n}$ mol/L のとき pH = n

8 次の水溶液のモル濃度がすべて同じとき，pHが小さい順に並べよ。

(1) 塩酸 (2) 水酸化ナトリウム水溶液

(3) 酢酸水溶液 (4) アンモニア水溶液 (5) 硫酸水溶液

(＜ ＜ ＜ ＜)

← **8** pHは，$[H^+]$が大きいほど小さく，$[OH^-]$が大きいほど大きい。
(1) 1価の強酸
(2) 1価の強塩基
(3) 1価の弱酸
(4) 1価の弱塩基
(5) 2価の強酸

9 pHについて，次の問いに答えよ。

(1) pHが1小さくなると，$[H^+]$は何倍大きくなるか。

( )

(2) pHが3小さくなると，$[H^+]$は何倍大きくなるか。

( )

← **9** $[H^+] = 1.0 \times 10^{-n}$ mol/L のとき pH = n
$[H^+]$が10倍になると，pHは1小さくなる。

10 発展 0.020 mol/Lの水酸化ナトリウム水溶液50 mLを純水で希釈して100 mLとした。この水溶液のpHはいくらか。最も適当な数値を，次のうちから一つ選べ。

① 2 ② 4 ③ 6 ④ 7

⑤ 8 ⑥ 10 ⑦ 12 ( )

← **10** 水溶液50 mLを純水で希釈して100 mLにする(2倍にうすめる)と，濃度は$\frac{1}{2}$になる。

3章 物質の変化

4　中和反応の量的関係

重要事項マスター

▶ 中和反応

① 酸と塩基が反応し，それぞれの性質を互いに打ち消しあうことを（1　　　　）という。

塩酸	＋	水酸化ナトリウム	⟶	塩化ナトリウム	＋	水
HCl	＋	NaOH	⟶	NaCl	＋	H_2O
（2　　）		（3　　　）		（4　　）		

この反応式で，水溶液中で電離している物質をイオンで表すと，

$$H^+ + Cl^- + Na^+ + OH^- \longrightarrow Na^+ + Cl^- + H_2O$$

Na^+とCl^-を除くとイオン反応式となる。

$$H^+ + OH^- \longrightarrow H_2O$$

このように中和とは，酸から生じた（5　　　　）が塩基から生じた（6　　　　）と結合して水が生じる反応ということができる。

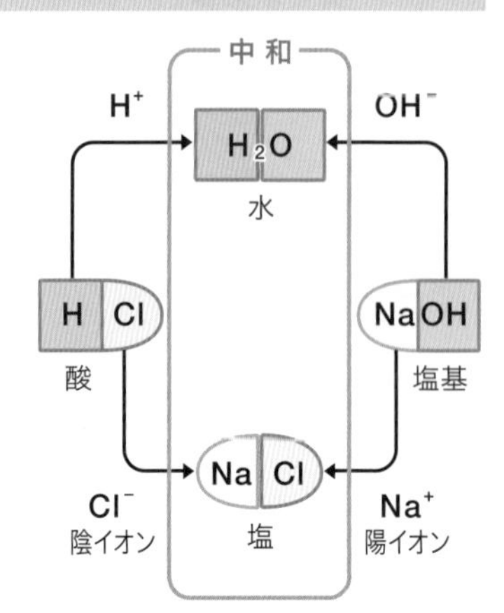

↑ 酸と塩基の中和

▶ 中和反応の量的関係

② 酸と塩基が過不足なく反応するところを（7　　　　　）といい，（7　　　　）では次の関係が成り立つ。

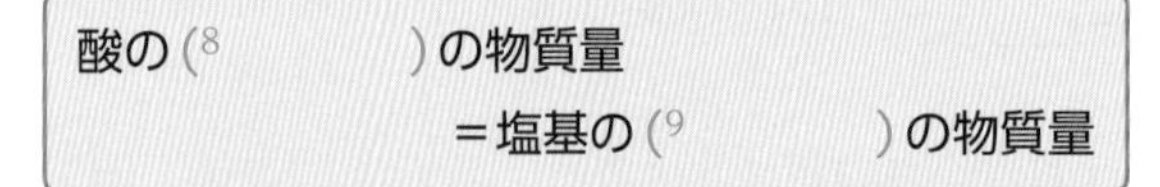

酸の（8　　　　）の物質量
＝塩基の（9　　　　）の物質量

この関係を利用すると，水溶液中の酸や塩基の濃度を求めることができる。

酸　… a価，濃度 c〔mol/L〕，体積 V〔L〕

塩基… b価，濃度 c'〔mol/L〕，体積 V'〔L〕

$$a \times c \times V\text{〔mol〕} = b \times c' \times V'\text{〔mol〕}$$

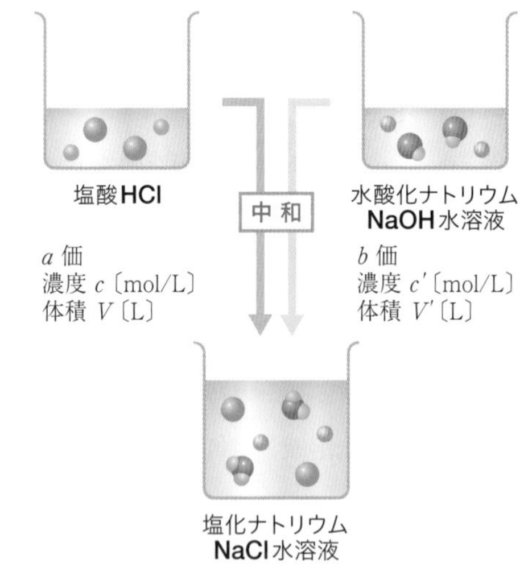

↑ 中和反応の量的関係

Reference　中和反応と酸・塩基の強弱

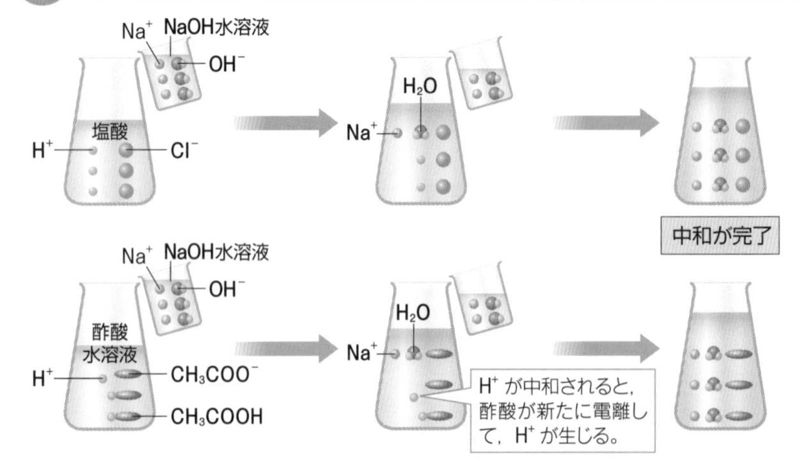

中和反応の量的な関係では，酸・塩基の強弱は考える必要がない。たとえば，酢酸水溶液は塩酸と比べて，電離によって生じるH^+が少ない。しかし，中和反応でH^+が消費されると，残った酢酸が新たに電離してH^+を生じる。この変化は，酢酸がなくなるまで続くので，中和に必要なOH^-の量は，塩酸の場合と同じになる。

Exercise

1 次の酸と塩基が中和するときの反応を化学反応式で示せ。

(1) 塩酸と水酸化ナトリウム水溶液

($HCl + NaOH \longrightarrow$)

(2) 塩酸と水酸化カリウム水溶液

($HCl + KOH \longrightarrow$)

(3) 塩酸とアンモニア水

($HCl + NH_3 \longrightarrow$)

(4) 酢酸水溶液と水酸化ナトリウム水溶液

($CH_3COOH + NaOH \longrightarrow$)

(5) 酢酸水溶液とアンモニア水

($CH_3COOH + NH_3 \longrightarrow$)

←**1** 中和反応では，酸のH^+と塩基のOH^-が反応して水H_2Oができる。また，中和の反応で水と同時にできる物質を塩という。

←(3)，(5)中和反応では，塩だけが生じて，水が生じない場合もある。

2 次の酸と塩基が中和したとき，どのような塩ができるか。表の空欄に適する塩の組成式を書け。

		酸		
		HCl	HNO_3	CH_3COOH
塩基	$NaOH$	1	2	3
	KOH	4	5	6
	NH_3	7	8	9

←**2** 塩は，酸の電離によって生じた陰イオンと，塩基の電離によって生じた陽イオンが結合した化合物である。

3 中和反応の量的関係について，次の問いに答えよ。

(1) 1 molの塩酸とちょうど中和する水酸化ナトリウムの物質量は何molか。

(mol)

(2) 0.1 molの塩酸とちょうど中和するアンモニアの物質量は何molか。

(mol)

(3) 0.05 molの酢酸とちょうど中和する水酸化ナトリウムの物質量は何molか。

(mol)

←**3** 酸と塩基がちょうど中和するとき，酸のH^+の物質量と，塩基のOH^-の物質量は等しい。
(1)塩酸は1価の酸，水酸化ナトリウムは1価の塩基である。
(2)アンモニアは1価の塩基である。
(3)酢酸は1価の酸である。

5 中和滴定

重要事項マスター

▶ 中和滴定

① 中和反応を利用して酸や塩基の水溶液の濃度を求める操作を（1　　　　　　　）という。

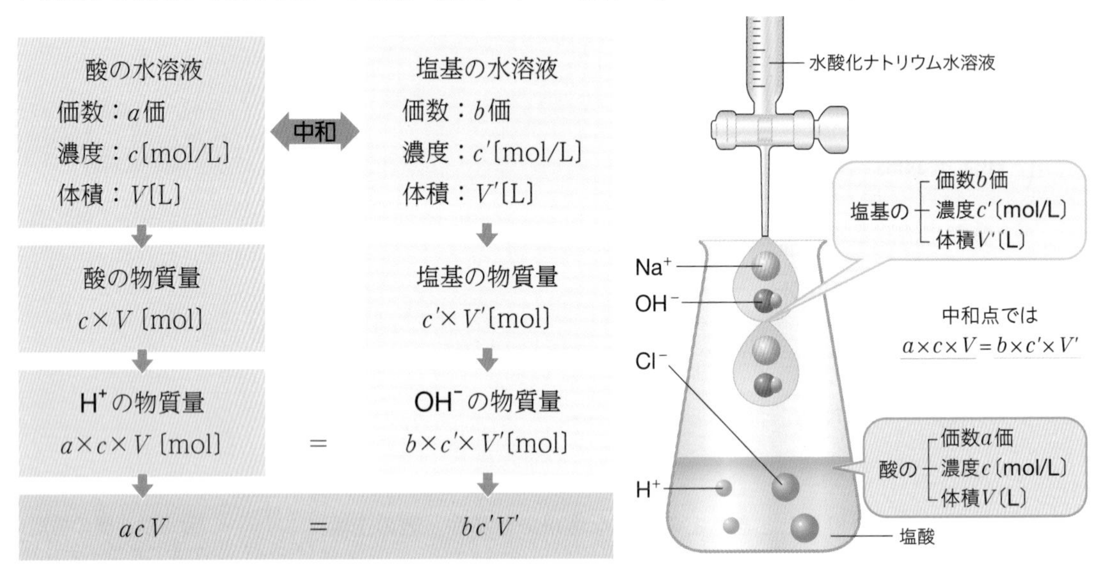

実験　食酢中の酢酸濃度を中和反応で求める

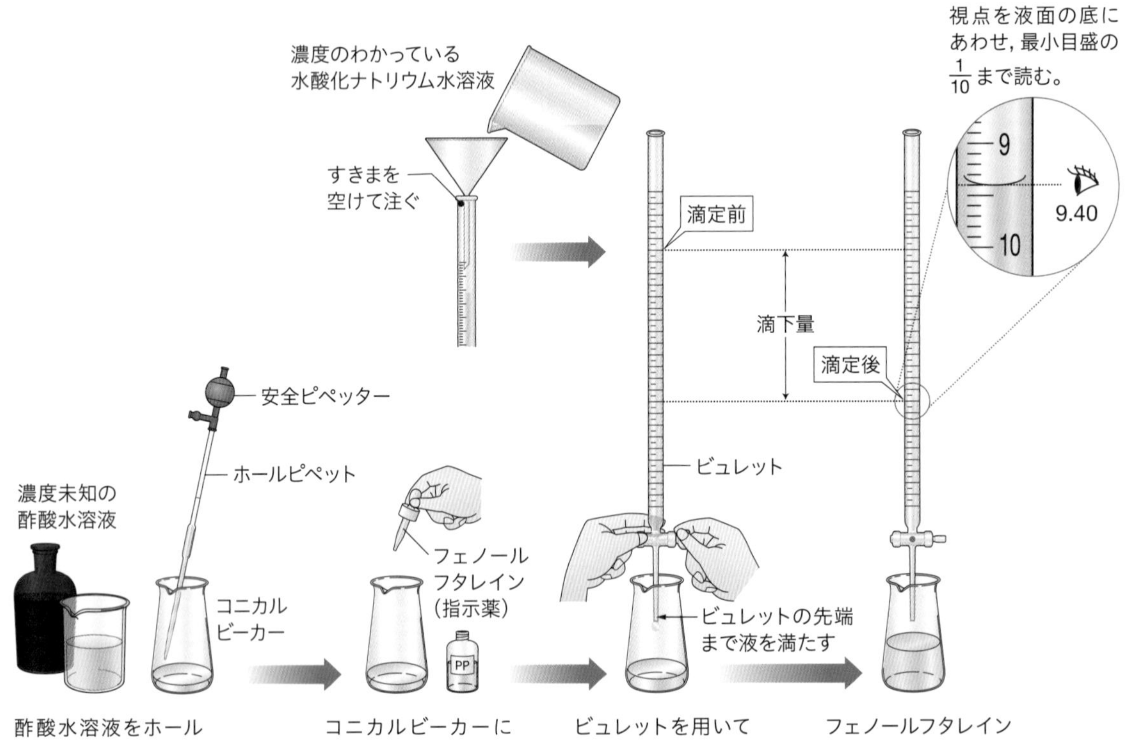

酢酸水溶液をホールピペットを用いてコニカルビーカーにとる。

コニカルビーカーにフェノールフタレインを加える。

ビュレットを用いて水酸化ナトリウム水溶液を滴下する。

フェノールフタレインが変色したら滴下をやめて，目盛を読む。

▶ 滴定曲線

中和滴定で，加えた酸または塩基の水溶液の体積と，混合水溶液のpHとの関係を示したグラフを（2　　　　）という。

（2　　　　）を見ると，中和点を知るのに適切な（3　　　　）を判断することができる。

〈pH指示薬〉

（4　　　　）の変色域
…pH＝3.1～4.4

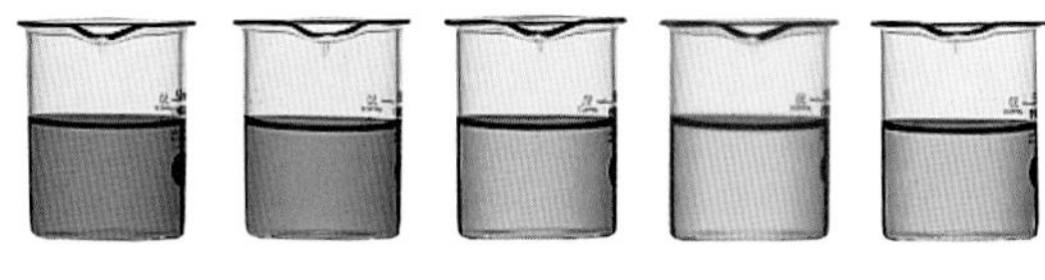

（5　　　　）の変色域
…pH＝8.0～9.8

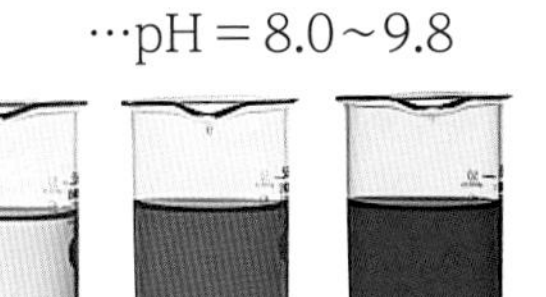

強酸＋強塩基

0.1 mol/L HCl水溶液10 mLに0.1 mol/L NaOH水溶液を加えたときの滴定曲線から，この組み合わせでは，指示薬は（6　　　　），（7　　　　）ともに利用できる。

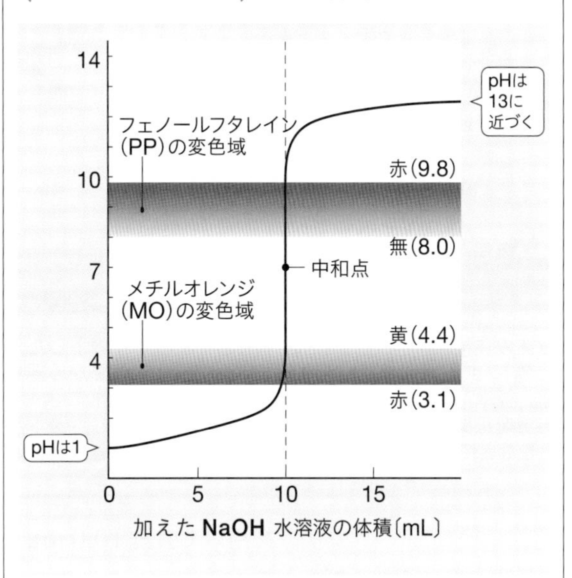

強酸＋弱塩基

0.1 mol/L HCl水溶液10 mLに0.1 mol/L NH_3水溶液を加えたときの滴定曲線から，この組み合わせでは，指示薬は（8　　　　）を利用する。（9　　　　）は中和点を過ぎてから変色するので利用できない。

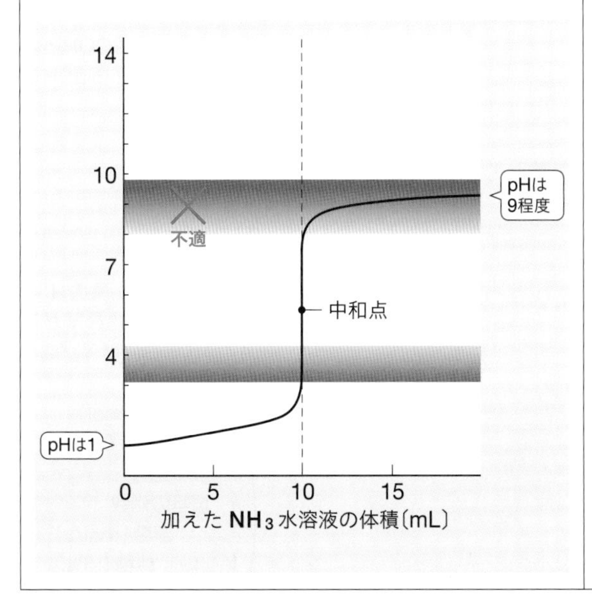

弱酸＋強塩基

0.1 mol/L CH_3COOH水溶液10 mLに0.1 mol/L NaOH水溶液を加えたときの滴定曲線から，この組み合わせでは，指示薬は（10　　　　）を利用する。（11　　　　）は中和点に達する前に変色するので利用できない。

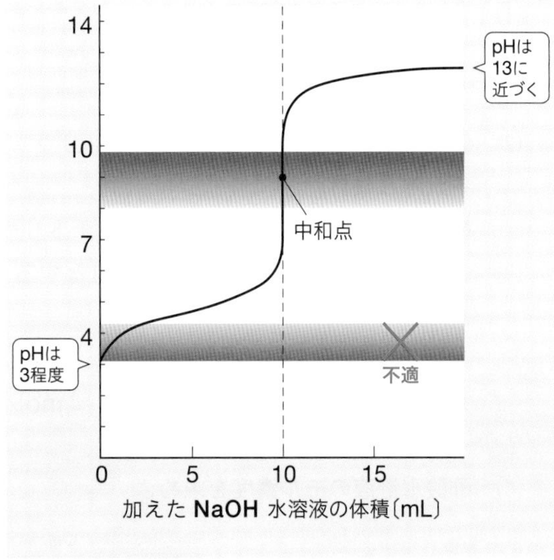

3章 物質の変化

Reference　中和滴定で用いる実験器具・試薬

メスフラスコ	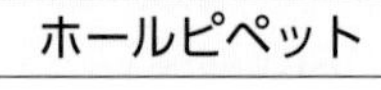 ホールピペット	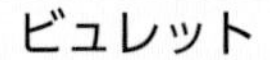 ビュレット	コニカルビーカー	水酸化ナトリウム
		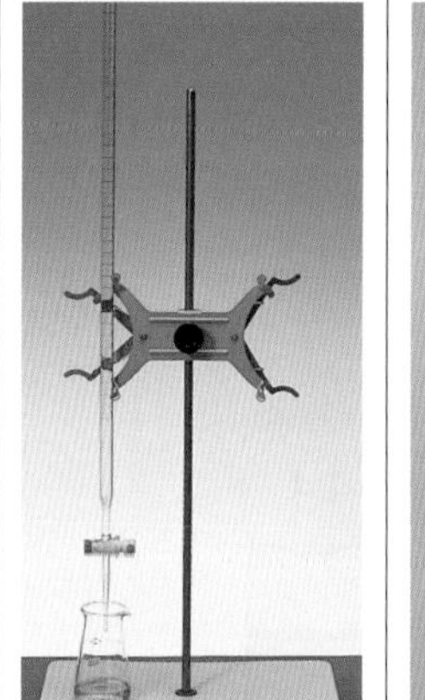	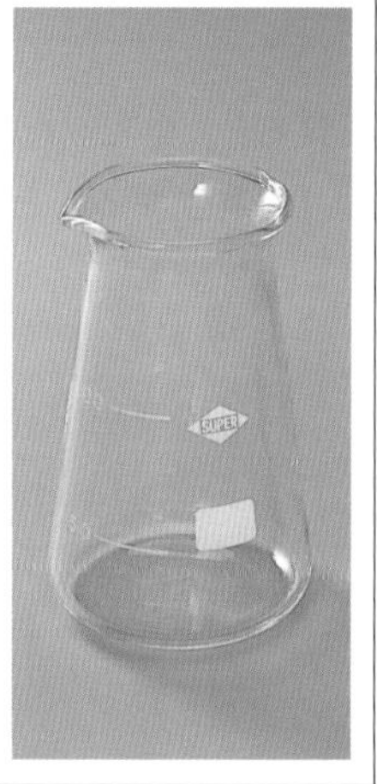	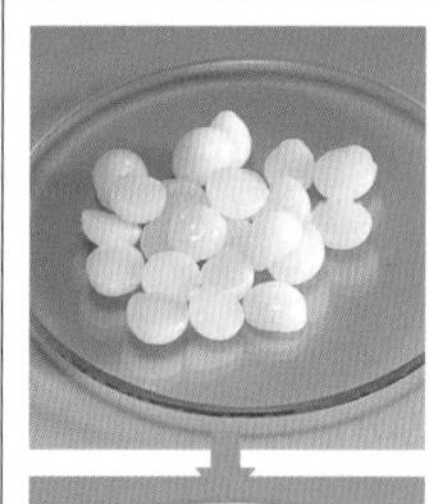 
液体の体積を定められた値にするための容器。標準溶液の調製や溶液を正確にうすめるときなどに用いる。	一定体積の液体をとるための器具。液体を標線の上まで吸い上げ，液面の底を標線に一致させる。	滴下した液体の体積をはかる器具。コック操作により液体を滴下し，滴下前後の目盛の差から，滴下量を求める。	上部が細く胴長の円錐形ビーカー。振り混ぜるとき，こぼれにくい。	水酸化ナトリウムは空気中の水分を吸収する（潮解性）ため，正確な濃度の水溶液を調製することが難しい。

（1　　　　　　　　）を用いて食酢10.0 mLを正確にはかりとり，（2　　　　　　　　）に移して蒸留水を加えて100 mLの水溶液とした。この水溶液10.0 mLにフェノールフタレイン溶液を加え，（3　　　　　　）を用いて濃度のわかっている水酸化ナトリウム水溶液を滴下した。

Exercise

1 濃度がわからない酢酸水溶液10 mLに，0.10 mol/Lの水酸化ナトリウム水溶液を滴下したところ，8.0 mLで中和点に達した。次の問いに答えよ。

(1) この反応を化学反応式で書け。

（　　　　　　　　　　　　　　　　　　　　）

(2) 酢酸の酸としての価数，水酸化ナトリウムの塩基としての価数をそれぞれ書け。

酢酸（　　　　　）　水酸化ナトリウム（　　　　　）

(3) この酢酸水溶液の濃度をc〔mol/L〕とすると成り立つ，次の式の（　　）に当てはまる数を書け。

$1 \times c \times$（　　　）L ＝ $1 \times$（　　　）mol/L $\times$（　　　）L

(4) 酢酸水溶液のモル濃度を求めよ。

（　　　　mol/L）

←**1** (1)酢酸CH_3COOHと水酸化ナトリウム$NaOH$の中和反応。

←(3)中和点では，酸のH^+と塩基のOH^-の物質量が等しいので，次の関係が成り立つ。

$a \times c \times V$〔mol〕
$= b \times c' \times V'$〔mol〕

a：酸の価数
b：塩基の価数
c，c'：濃度〔mol/L〕
V，V'：体積〔L〕

2 0.50 mol/Lのシュウ酸水溶液10 mLに，濃度のわからない水酸化ナトリウム水溶液を滴下したところ，9.0 mLで中和点に達した。次の問いに答えよ。

(1) シュウ酸は，2価の酸である。水酸化ナトリウム水溶液の濃度を c'〔mol/L〕とすると成り立つ，次の式の（　　）に当てはまる数を書け。

$2\times$（　　　）mol/L$\times$（　　　）L $= 1\times c'\times$（　　　）L

(2) 水酸化ナトリウム水溶液のモル濃度を求めよ。

（　　　　mol/L）

← **2** シュウ酸 $H_2C_2O_4$ は，水溶液中で次のように電離する。
$H_2C_2O_4 \longrightarrow 2H^+ + C_2O_4^{2-}$

3 中和滴定について，次の問いに答えよ。

(1) 濃度のわからない塩酸10 mLを中和するのに，0.10 mol/Lの水酸化ナトリウム水溶液が15 mL必要であった。塩酸のモル濃度を求めよ。

（　　　　mol/L）

(2) 濃度のわからない硝酸10 mLを中和するのに，0.20 mol/Lの水酸化ナトリウム水溶液7.0 mLが必要であった。硝酸水溶液のモル濃度を求めよ。

（　　　　mol/L）

(3) 0.50 mol/Lの塩酸20 mLをちょうど中和するのに，0.40 mol/Lのアンモニア水は何mL必要か。

（　　　　mL）

(4) 0.10 mol/Lの硫酸500 mLを中和するのに，水酸化ナトリウムの固体は何g必要か。NaOHの式量は40とする。

（　　　　g）

← **3** H^+ の物質量＝
$a\times c$〔mol/L〕$\times V$〔L〕
OH^- の物質量＝
$b\times c'$〔mol/L〕$\times V'$〔L〕
中和点では H^+ の物質量と OH^- の物質量が等しいので，次の関係が成り立つ。
$a\times c$〔mol/L〕$\times V$〔L〕
$= b\times c'$〔mol/L〕$\times V'$〔L〕

← (1) 塩酸は1価の酸，水酸化ナトリウムは1価の塩基である。

← (2) 硝酸は1価の酸，水酸化ナトリウムは1価の塩基である。

← (3) 塩酸は1価の酸，アンモニアは1価の塩基である。

← (4) 中和に必要なNaOHの質量を x〔g〕とおいて式を立てる。

4 ホールピペットを用いてはかりとった希塩酸10 mLを，蒸留水で正確に10倍にうすめたい。それに必要なガラス器具として最も適当なものを，次のうちから一つ選べ。

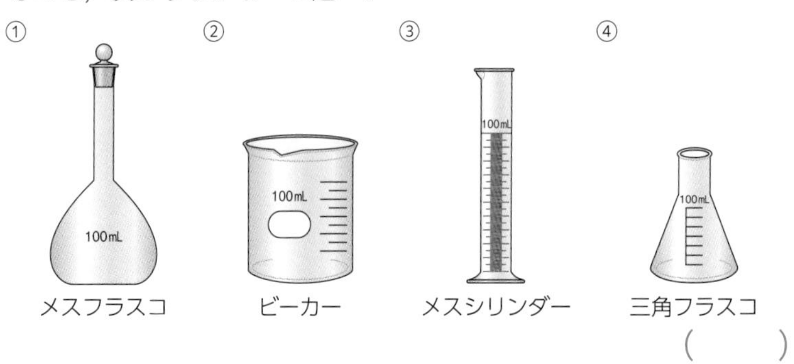

（　　）

←**4** 最も精度が高い器具を選ぶ。

5 酢酸水溶液Aの濃度を中和滴定によって決めるために，あらかじめ純水で洗浄した器具を用いて，次の操作1～3からなる実験を行った。

操作1　ホールピペットでAを10.0 mLとり，これを100 mLのメスフラスコに移し，純水を加えて100 mLとした。これを水溶液Bとする。

操作2　別のホールピペットでBを10.0 mLとり，これをコニカルビーカーに移し，指示薬を加えた。これを水溶液Cとする。

操作3　0.110 mol/L水酸化ナトリウム水溶液Dをビュレットに入れて，Cを滴定した。

(1) 操作1～3における実験器具の使い方として**誤りを含むもの**を，次のうちから一つ選べ。

① 操作1において，ホールピペットの内部に水滴が残っていたので，内部をAで洗ってから用いた。

② 操作1において，メスフラスコの内部に水滴が残っていたが，そのまま用いた。

③ 操作2において，コニカルビーカーの内部に水滴が残っていたので，内部をBで洗ってから用いた。

④ 操作3において，ビュレットの内部に水滴が残っていたので，内部をDで洗ってから用いた。

⑤ 操作3において，コック（活栓）を開いてビュレットの先端部分までDを満たしてから滴定を始めた。

（　　）

←**5** (1) 水滴が残ったまま使うと，溶液の濃度がうすまる。溶液の濃度がうすまっては困るときには，はかりとる溶液で洗ってから用いる。

(2) 操作がすべて適切に行われた結果，操作3において中和点までに要したDの体積は7.50 mLであった。酢酸水溶液Aの濃度は何mol/Lか。最も適当な数値を，次のうちから一つ選べ。

① 0.0825　② 0.147　③ 0.165

④ 0.825　⑤ 1.47　⑥ 1.65

（　　）mol/L

←(2) 操作1で酢酸水溶液Aを10倍にうすめているから，酢酸水溶液Aの濃度は水溶液Bの濃度の10倍である。

6 下の滴定曲線について，次の問いに答えよ。

(1) 次のうち，どの滴定曲線と考えられるか。

(ア) 0.1 mol/L塩酸に0.1 mol/L水酸化ナトリウム水溶液を加えたときの滴定曲線。

(イ) 0.1 mol/L塩酸に0.1 mol/Lアンモニア水を加えたときの滴定曲線。

(ウ) 0.1 mol/L酢酸水溶液に0.1 mol/L水酸化ナトリウム水溶液を加えたときの滴定曲線。　(　　　)

(2) 指示薬として，フェノールフタレインとメチルオレンジのどちらが適当か。　(　　　　　　　　　　　)

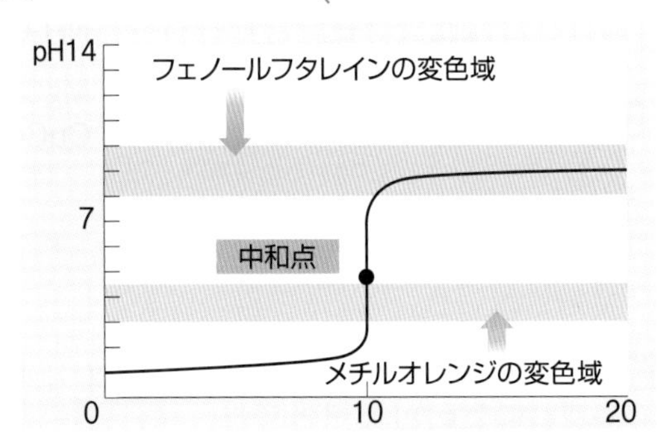

7 右図は，ある酸の0.10 mol/L水溶液20 mLを，ある塩基の0.10 mol/L水溶液で中和滴定したときの滴定曲線である。ただし，pHはpHメーターを用いて測定した。

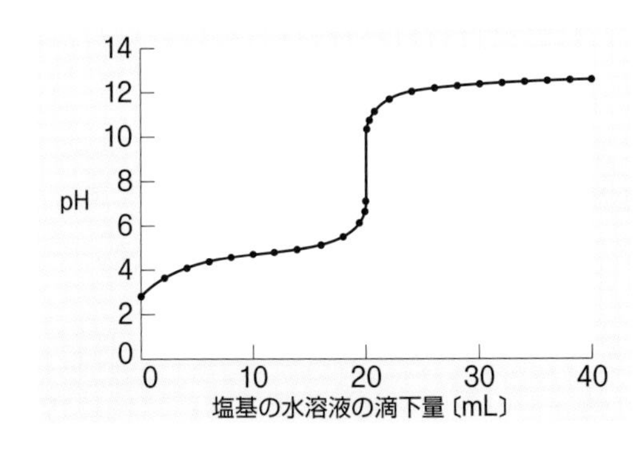

(1) この酸と塩基の組み合わせとして最も適当なものを，次のうちから一つ選べ。

① 酢酸と水酸化ナトリウム　② 酢酸とアンモニア

③ 塩酸と水酸化ナトリウム　④ 塩酸とアンモニア

(　　　)

(2) 指示薬を用いてこの滴定の中和点を決めたい。その指示薬に関する記述として最も適当なものを，次のうちから一つ選べ。

① メチルオレンジを用いる。

② フェノールフタレインを用いる。

③ メチルオレンジとフェノールフタレインのどちらを用いても決められる。

④ メチルオレンジとフェノールフタレインのどちらを用いても決められない。　(　　　)

← **6** (1)滴定曲線の始点のpHは1付近であり，中和点のpHは5付近(酸性)であることから考える。

(2)指示薬は変色域が中和点のpH付近にあるものを選択する。

← **7** (1)塩酸 1価の強酸
酢酸 1価の弱酸
水酸化ナトリウム 1価の強塩基
アンモニア 1価の弱塩基

← (2)メチルオレンジの変色域はpH3.1 ~ 4.4
フェノールフタレインの変色域はpH8.0 ~ 9.8

3章 物質の変化

6 塩

重要事項マスター

塩の分類

分類		例	
(1　　　　) 塩	化学式に酸のHを含む塩	硫酸水素ナトリウム 炭酸水素ナトリウム	$NaHSO_4$ $NaHCO_3$
(2　　　　) 塩	化学式に酸のHも塩基のOHも含まない塩	塩化ナトリウム 酢酸ナトリウム 塩化アンモニウム	$NaCl$ CH_3COONa NH_4Cl
(3　　　　) 塩	化学式に塩基のOHを含む塩	塩化水酸化マグネシウム 塩化水酸化銅(Ⅱ)	$MgCl(OH)$ $CuCl(OH)$

正塩の水溶液の性質

① 酸と塩基が過不足なく反応した中和点の水溶液は, 中性とは限らない。中和点の水溶液が酸性・中性・塩基性のいずれになるかは, 中和で生成した (4　　　) の性質で決まる。

② 塩の水溶液の性質
- 強酸と強塩基の中和でできた塩の水溶液…(5　　　　) 性
- 強酸と弱塩基の中和でできた塩の水溶液…(6　　　　) 性
- 弱酸と強塩基の中和でできた塩の水溶液…(7　　　　) 性
- 弱酸と弱塩基の中和でできた塩の水溶液…酸と塩基の種類による。

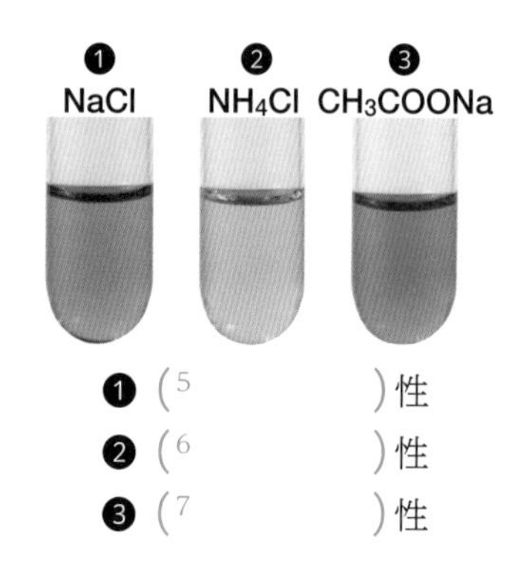

❶ (5　　　　) 性
❷ (6　　　　) 性
❸ (7　　　　) 性

塩と酸・塩基の反応

③ 弱酸の塩＋強酸 ⟶ 強酸の塩＋(8　　　　)

例　酢酸ナトリウムCH_3COONa水溶液に希塩酸HClを加えると, 弱酸CH_3COOHが生成する。

④ 弱塩基の塩＋強塩基 ⟶ 強塩基の塩＋(9　　　　)

例　塩化アンモニウムNH_4Cl水溶液に水酸化ナトリウムNaOH水溶液を加えると, 弱塩基NH_3が生成する。

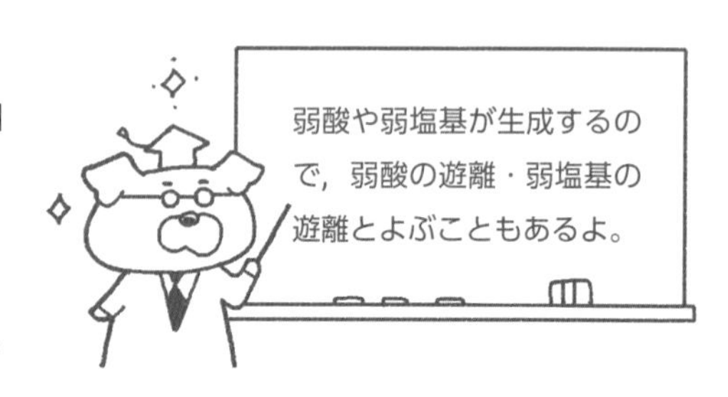

弱酸の塩 ＋ 強 酸 ⟶ 強酸の塩 ＋ 弱 酸

$CH_3COONa + HCl \longrightarrow NaCl + CH_3COOH$
酢酸ナトリウム　塩化水素　塩化ナトリウム　酢酸

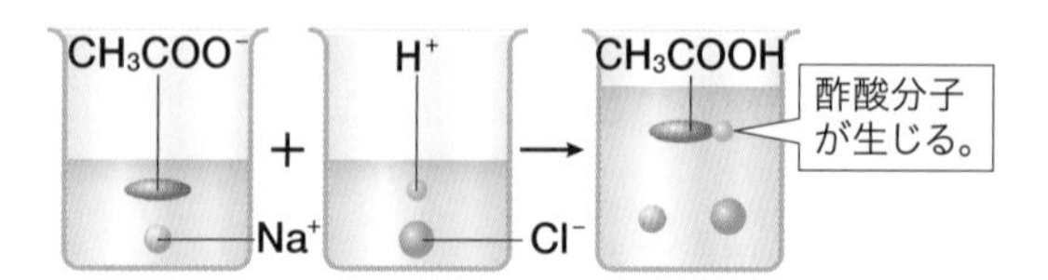

弱塩基の塩 ＋ 強塩基 ⟶ 強塩基の塩 ＋ 弱塩基

$NH_4Cl + NaOH \longrightarrow NaCl + NH_3 + H_2O$
塩化アンモニウム　水酸化ナトリウム　塩化ナトリウム　アンモニア

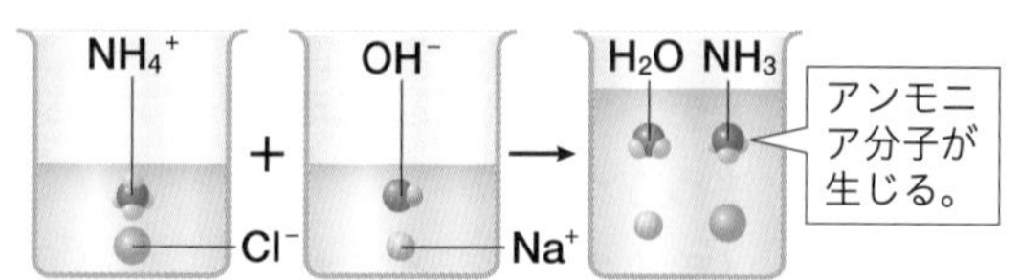

Exercise

1 次の塩は酸性塩・正塩・塩基性塩のどれに分類されるか。それぞれ適するものに○をつけよ。

(1) 塩化アンモニウム　[酸性塩・正塩・塩基性塩]

(2) 塩化水酸化マグネシウム　[酸性塩・正塩・塩基性塩]

(3) 炭酸水素ナトリウム　[酸性塩・正塩・塩基性塩]

(4) 硫酸ナトリウム　[酸性塩・正塩・塩基性塩]

(5) 硫酸水素ナトリウム　[酸性塩・正塩・塩基性塩]

← **1** 化学式に酸のHを含む塩が酸性塩，塩基のOHを含む塩が塩基性塩である。

2 次の空欄をうめて，表を完成させよ。

塩	中和した酸と塩基(強弱)		塩の水溶液の性質
NaCl 塩化ナトリウム	酸	HCl　(強酸)	9 　性
	塩基	NaOH　(強塩基)	
CH_3COONa 酢酸ナトリウム	酸	1 　(2 　酸)	10 　性
	塩基	3 　(4 　塩基)	
NH_4Cl 塩化アンモニウム	酸	5 　(6 　酸)	11 　性
	塩基	7 　(8 　塩基)	

← **2** 塩の性質は中和した酸と塩基の強弱で決まる。

3 次に示す0.1 mol/Lの水溶液ア～ウをpHの大きい順に並べたものはどれか。最も適当なものを，下の①～⑥のうちから一つ選べ。

ア　CH_3COONa水溶液　　イ　NH_4Cl水溶液

ウ　NaCl水溶液

① ア＞イ＞ウ　② ア＞ウ＞イ　③ イ＞ア＞ウ

④ イ＞ウ＞ア　⑤ ウ＞ア＞イ　⑥ ウ＞イ＞ア

(　　)

4 次の反応のうち，反応が起こらないものを一つ選べ。

(1) $CH_3COONa + HCl \longrightarrow NaCl + CH_3COOH$

(2) $NaCl + HNO_3 \longrightarrow NaNO_3 + HCl$

(3) $Na_2CO_3 + 2HCl \longrightarrow 2NaCl + CO_2 + H_2O$

(4) $NH_4Cl + NaOH \longrightarrow NaCl + NH_3 + H_2O$

(　　)

← **4** ①弱酸の塩＋強酸
→強酸の塩＋弱酸
②弱塩基の塩＋強塩基
→強塩基の塩＋弱塩基

1 酸化と還元

重要事項マスター

▶ 酸化と還元の定義

酸化された		還元された
受け取る	酸素Oを	失う
(1　　　)	水素Hを	(2　　　)
(3　　　)	電子e^-を	(4　　　)

▶ 反応例

(1) $2Cu + O_2 \longrightarrow 2CuO$　銅Cuは酸素Oを受け取ったので，(5　　　)された。

(2) $H_2 + Cl_2 \longrightarrow 2HCl$　塩素Cl_2は水素Hを受け取ったので，(6　　　)された。

(3) $Cu \longrightarrow Cu^{2+} + 2e^-$　銅Cuは電子e^-を失ったので，(7　　　)された。

(4) $Cl_2 + 2e^- \longrightarrow 2Cl^-$　塩素Cl_2は電子e^-を受け取ったので，(8　　　)された。

Work

次の(　　)に「酸化」または「還元」を記入して，[　　]に化学式を書いてみよう。

(1　　　)された。

(1) $2Mg + CO_2 \longrightarrow 2MgO + C$

(2　　　)された。

酸化された物質 [3　　　]

還元された物質 [4　　　]

Mgリボン

CO_2

Mg粉

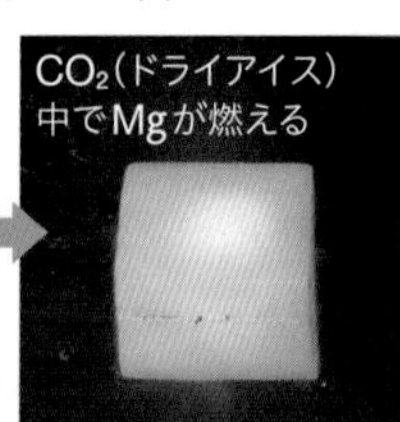

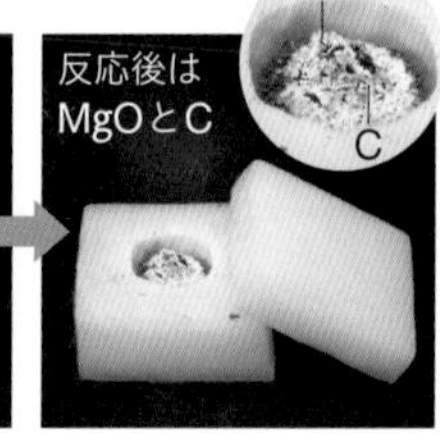

(5　　　)された。

(2) $H_2S + I_2 \longrightarrow S + 2HI$

(6　　　)された。

酸化された物質 [7　　　]

還元された物質 [8　　　]

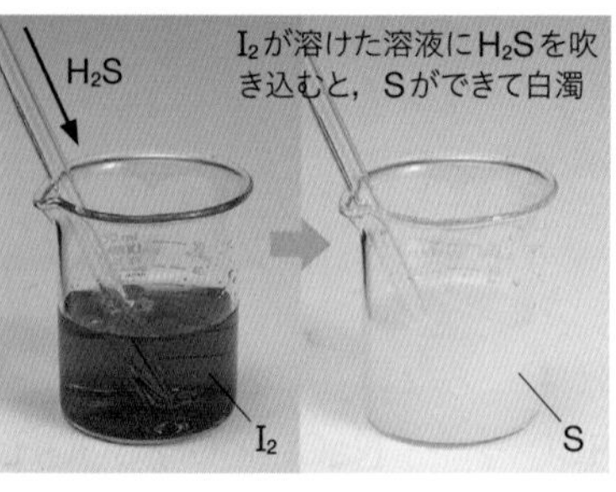

Reference　電子e^-による酸化還元の判断

$Mg + 2HCl \longrightarrow MgCl_2 + H_2$

⬇ 1) 電子e^-が見えないので，HClと$MgCl_2$をイオンに分ける。

$Mg + 2H^+ + 2Cl^- \longrightarrow Mg^{2+} + 2Cl^- + H_2$

⬇ 2) 両辺にある$2Cl^-$は変化していないイオンだから消す。

$Mg + 2H^+ \longrightarrow Mg^{2+} + H_2$

⬇ 3) MgとHについて，電子e^-を含むイオン反応式を書く。

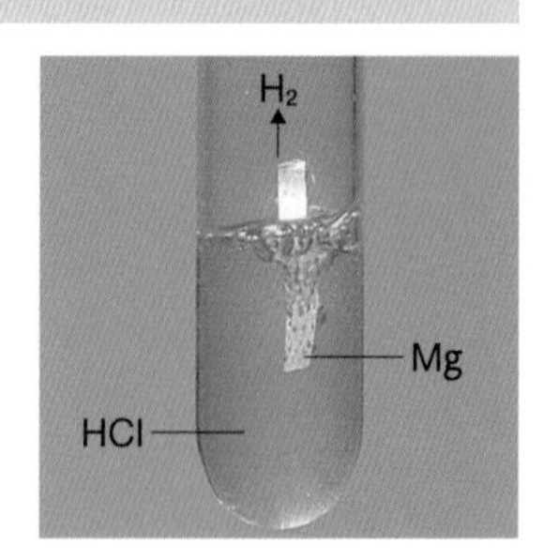

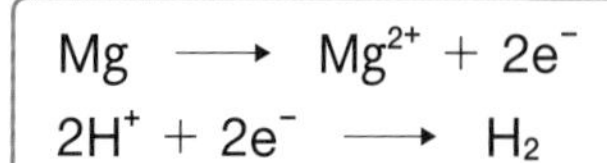

$Mg \longrightarrow Mg^{2+} + 2e^-$

$2H^+ + 2e^- \longrightarrow H_2$

マグネシウムMgは電子e^-を失ったので(1　　　)された。

水素イオンH^+は電子e^-を受け取ったので(2　　　)された。

Exercise

1 次の反応について，左ページのWorkと同様に，(　　) には「酸化」または「還元」を，[　　] には化学式を記入せよ。

(1)

(1　　　) された。

$Fe_2O_3 + 3CO \longrightarrow 2Fe + 3CO_2$

(2　　　) された。

酸化された物質 [3　　　　　]
還元された物質 [4　　　　　]

(2)

(5　　　) された。

$H_2S + Cl_2 \longrightarrow 2HCl + S$

(6　　　) された。

酸化された物質 [7　　　　　]
還元された物質 [8　　　　　]

← **1** (1)は酸素Oのやりとりで，(2)は水素Hのやりとりで，判断する。
酸化された物質と還元された物質は，かならず反応物（化学反応式の左辺にある物質）を答える。

2 次の文章中の [1　　] ～ [3　　] にはイオンの化学式またはe^-を，(ア　　)，(イ　　) には語句を記入し，文章を完成させよ。

銅Cuと塩素Cl_2は次のように反応して，塩化銅(Ⅱ)$CuCl_2$になる。

$Cu + Cl_2 \longrightarrow CuCl_2$

$CuCl_2$は，銅(Ⅱ)イオン [1　　　　] と塩化物イオン2 [2　　　　] に分けられるので，銅と塩素それぞれについて電子e^-を含むイオン反応式を書くと，次のようになる。

$Cu \longrightarrow$ [1　　　　] + 2 [3　　　　]

Cl_2 + 2 [3　　　　] $\longrightarrow$ 2 [2　　　　]

銅Cuは電子e^-を失っているので (ア　　　　) されている。
塩素Cl_2は電子e^-を受け取っているので (イ　　　　) されている。

← **2** 加熱した銅Cuを塩素Cl_2中に入れると，激しく反応し，黄褐色の塩化銅(Ⅱ)$CuCl_2$ができる。$CuCl_2$は固体だが，微粉末で生成するので，煙のように見える。

3 次の反応で酸化された物質と還元された物質の化学式で答えよ。

$2KI + Cl_2 \longrightarrow 2KCl + I_2$

酸化された物質 [　　　　]
還元された物質 [　　　　]

← **3** 電子e^-のやりとりが見えるようにする。
1) KIとKClをイオンに分ける。
2) 両辺にある同じイオンは変化していないから消す。
3) IとClについて，それぞれ電子e^-を含むイオン反応式を書く。

2 酸化数と酸化剤・還元剤

重要事項マスター

酸化数

酸化数の決め方	酸化数の例
(1) 単体中の原子の酸化数は0とする。	H_2のHは(1) CuのCuは(2)
(2) 化合物中の水素原子Hの酸化数は+1，酸素原子Oの酸化数は−2とする。*	NH_3のHは(3) CO_2のOは(4)
(3) 化合物中の構成原子の酸化数の総和は0とする。	NH_3の構成原子の酸化数の総和 =(5)+(+1)×3=0
(4) 単原子イオンの原子の酸化数は，そのイオンの電荷に等しい。	Na^+のNaは(6) Al^{3+}のAlは(7)
(5) 多原子イオンでは，構成原子の酸化数の総和は，そのイオンの電荷に等しい。	SO_4^{2-}の構成原子の酸化数の総和 =(8)+(−2)×4=−2
*過酸化水素H_2O_2では，Oの酸化数は例外的に−1とする。 化合物中のアルカリ金属の原子の酸化数は+1になる。 化合物中のアルカリ土類金属の原子の酸化数は+2になる。	H_2O_2のOは(9) NaClのNaは(10) $MgCl_2$のMgは(11)

酸化数の増減と酸化・還元

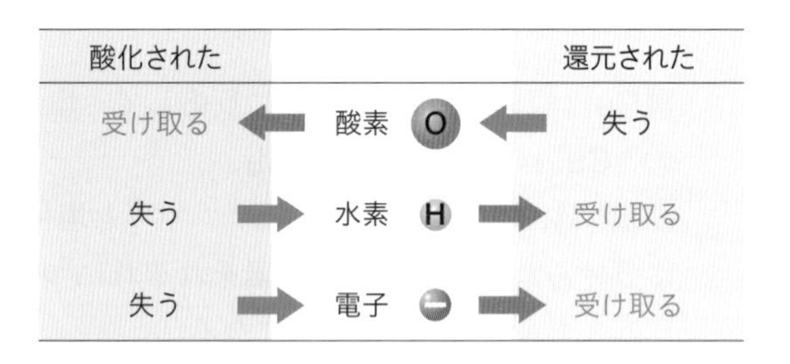

① 酸化数は，電気的に中性な単体中の原子に比べて，電子を何個やりとりしたかを表した値である。
⟶ マイナスの電荷をもつ電子e^-を失うと，マイナスが減るので，酸化数が増加する。
⟶ マイナスの電荷をもつ電子e^-を受け取ると，マイナスが増えるので，酸化数が減少する。

② 酸化数が増加した原子は，電子e^-を失ったので(12)されている。酸化数が減少した原子は，電子e^-を受け取ったので(13)されている。酸化数が変化しない原子は，電子e^-のやりとりがなく酸化も還元もされていない。

酸化剤・還元剤

③ 相手の物質を(14)して，それ自身は(15)される物質を**酸化剤**という。

④ 相手の物質を(16)して，それ自身は(17)される物質を**還元剤**という。

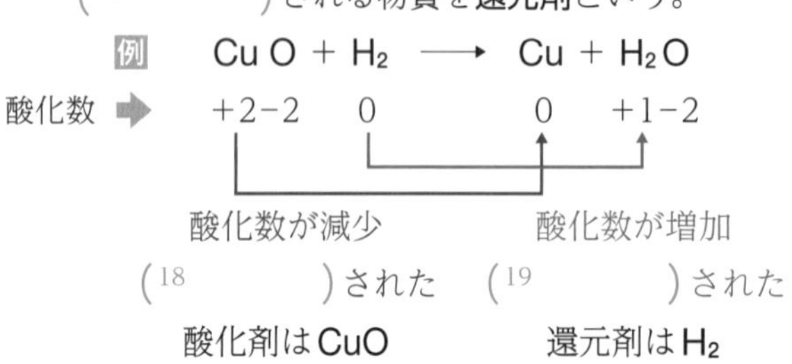

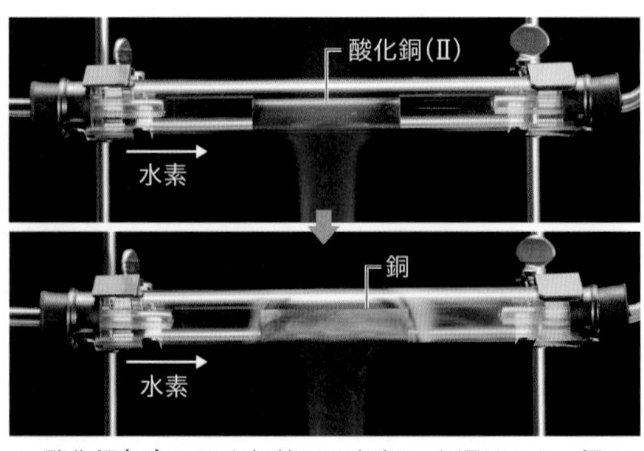

↑ 酸化銅(Ⅱ)CuOを加熱して水素H_2を通じると，銅Cuと水H_2Oになる。

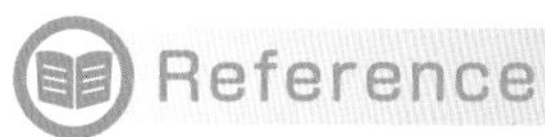

Reference 酸化数の求め方

◆ 単体＝0

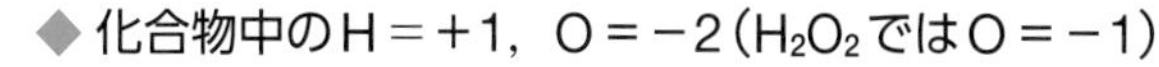

◆ 化合物中のH＝+1，O＝−2（H_2O_2ではO＝−1）

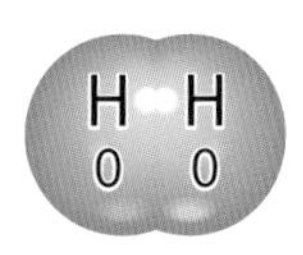

水素H_2
H＝0

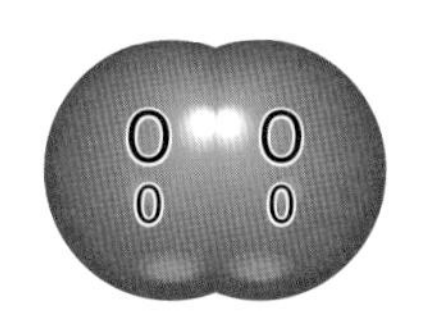

酸素O_2
O＝0

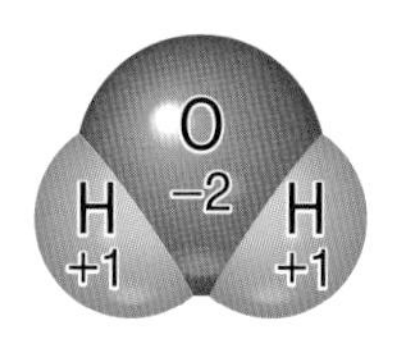

水H_2O
H＝+1，O＝−2

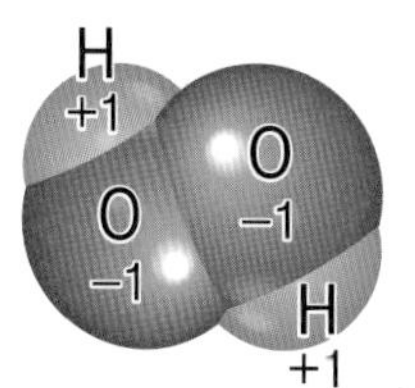

過酸化水素H_2O_2
H＝+1，O＝−1

◆ 化合物中のHとO以外の原子の酸化数は，H＝+1，O＝−2，酸化数の総和＝0から計算する

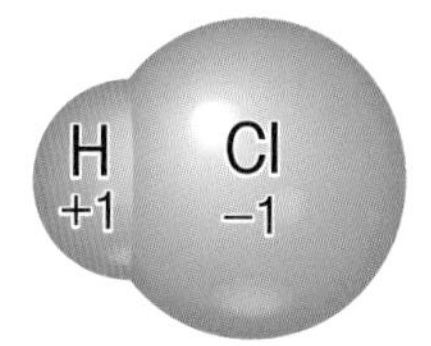

塩化水素HCl
(+1)+Cl＝0から，
Cl＝−1

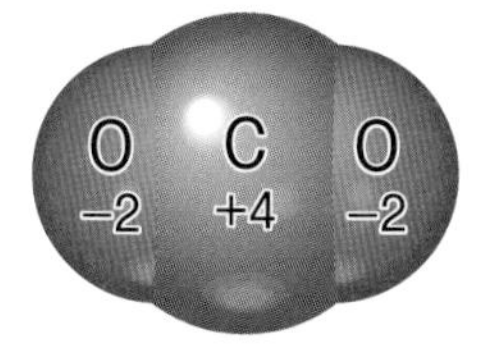

二酸化炭素CO_2
C+(−2)×2＝0から，
C＝+4

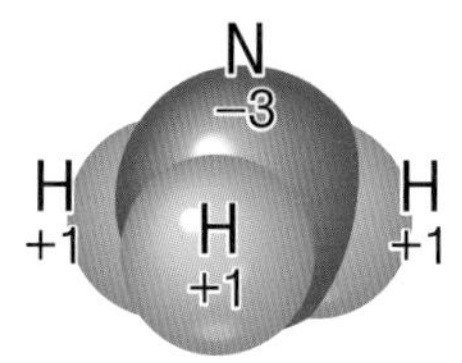

アンモニアNH_3
N+(+1)×3＝0から，
N＝−3

◆ イオン結晶の原子の酸化数は，イオンに分けて考える

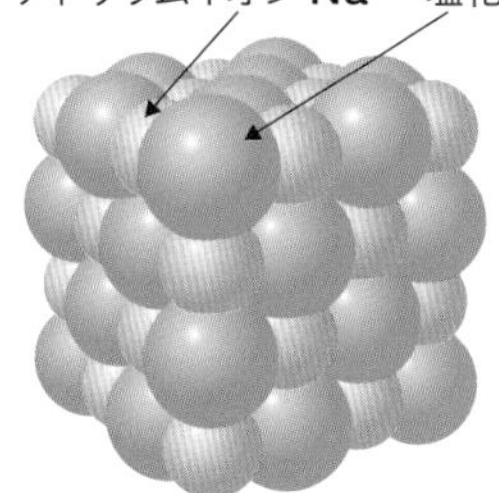

塩化ナトリウムNaCl
Na^+とCl^-のイオンに
分けられるから，
Na＝+1，Cl＝−1

Work

次の物質中のS原子の酸化数を（　）に書いてみよう。

(1) 硫化水素H_2S　(+1)×2+S＝0から，S＝（1　　）

(2) 硫黄S　単体だから，S＝（2　　）

(3) 二酸化硫黄SO_2　S+(−2)×2＝0から，S＝（3　　）

(4) 硫酸H_2SO_4　(+1)×2+S+(−2)×4＝0から，S＝（4　　）

周期表のx族に属する非金属元素の酸化数は，一般に，次の範囲で変化する。

$$(x-18) \leqq 酸化数 \leqq (x-10)$$

たとえば，硫黄Sは周期表の16族の元素なので，酸化数は−2≦S≦+6の範囲で変化する。Sの酸化数が最小の−2になる硫化水素H_2Sは，酸化還元反応ではSの酸化数が必ず増加して，還元剤になる。Sの酸化数が最大の+6になる硫酸H_2SO_4は，酸化還元反応ではSの酸化数が必ず減少して，酸化剤になる。Sの酸化数が+4で最大でも最小でもない二酸化硫黄SO_2は，酸化剤にも還元剤にもなる。

硫黄原子 S（16族）	酸化数
硫酸 H_2SO_4	+6
	+5
二酸化硫黄 SO_2	+4
	+3
	+2
	+1
硫黄 S	0
	−1
硫化水素 H_2S	−2

酸化数が減少　酸化剤になる
酸化数が増加　還元剤になる

3章 物質の変化

Exercise

1 次の物質中のC原子の酸化数を答えよ。

(1) メタンCH_4 (　　　)
(2) 炭素C (　　　)
(3) 一酸化炭素CO (　　　)
(4) シュウ酸$H_2C_2O_4$ (　　　)
(5) 二酸化炭素CO_2 (　　　)

← **1** 炭素Cは周期表の14族元素なので，酸化数の範囲は次のようになる。
$(14-18) \leqq C \leqq (14-10)$

2 次の物質中のN原子の酸化数を答えよ。

(1) アンモニアNH_3 (　　　)
(2) 窒素N_2 (　　　)
(3) 一酸化窒素NO (　　　)
(4) 二酸化窒素NO_2 (　　　)
(5) 硝酸HNO_3 (　　　)

← **2** 窒素Nは周期表の15族元素なので，酸化数の範囲は次のようになる。
$(15-18) \leqq N \leqq (15-10)$

3 次の反応について，すべての原子に酸化数をつけ，酸化された原子の元素記号と酸化数の変化，還元された原子の元素記号と酸化数の変化，および酸化剤の化学式と還元剤の化学式を，《例》にならって書け。

《例》 $CuO + H_2 \longrightarrow Cu + H_2O$
酸化数➡ +2 −2 　0 　0 　+1 −2
酸化された原子…[H](0 ⟶ +1)
還元された原子…[Cu](+2 ⟶ 0)
酸化剤…[CuO]
還元剤…[H_2]

← **3** すべての原子に酸化数をつけて，酸化数の増減を調べる。酸化数が増加すれば酸化された原子 → 酸化された原子を含む物質が還元剤(酸化剤ではない)。酸化数が減少すれば還元された原子 → 還元された原子を含む物質が酸化剤。

(1) $H_2O_2 + SO_2 \longrightarrow H_2SO_4$
酸化数➡
酸化された原子…[　　](　　⟶　　)
還元された原子…[　　](　　⟶　　)
酸化剤…[　　　]
還元剤…[　　　]

← (1) 過酸化水素H_2O_2中では，例外的にO＝−1であることに注意。

(2) $2KI + Cl_2 \longrightarrow 2KCl + I_2$
酸化数➡
酸化された原子…[　　](　　⟶　　)
還元された原子…[　　](　　⟶　　)
酸化剤…[　　　]
還元剤…[　　　]

← (2) ヨウ化カリウムKIのKとIの酸化数は，KIを陽イオンと陰イオンに分けイオンの酸化数を考える。Kはアルカリ金属なので，化合物中のアルカリ金属＝+1を使ってもよい。

(3)　$Zn + H_2SO_4 \longrightarrow ZnSO_4 + H_2$

酸化数➡

酸化された原子…[　　](　 ⟶ 　)

還元された原子…[　　](　 ⟶ 　)

酸化剤…[　　　]

還元剤…[　　　]

←(3) 硫酸亜鉛$ZnSO_4$のZnの酸化数は，$ZnSO_4$を陽イオンと陰イオンに分けイオンの酸化数を考える。

(4)　$Cu + 2H_2SO_4 \longrightarrow CuSO_4 + 2H_2O + SO_2$

酸化数➡

酸化された原子…[　　](　 ⟶ 　)

還元された原子…[　　](　 ⟶ 　)

酸化剤…[　　　]

還元剤…[　　　]

←(4) 硫酸銅(Ⅱ)$CuSO_4$のCuの酸化数は，$CuSO_4$を陽イオンと陰イオンに分けイオンの酸化数を考える。

4 次の反応のうちで，酸化還元反応でないものを一つ選べ。

① $Fe_2O_3 + 2Al \longrightarrow 2Fe + Al_2O_3$

② $CuSO_4 + Fe \longrightarrow FeSO_4 + Cu$

③ $H_2S + H_2O_2 \longrightarrow S + 2H_2O$

④ $2NaHCO_3 \longrightarrow Na_2CO_3 + CO_2 + H_2O$

(　　)

←**4** 一般に，化合物中で原子の酸化数は0にならないから，単体中の原子(酸化数＝0)が化合物中の原子(酸化数≠0)に変わるとき，あるいはその逆の変化では，単体中の原子の酸化数は必ず変化する。したがって，**単体を含む反応は酸化還元反応。**

5 次の記述に当てはまる物質を，下の①～⑤のうちから一つずつ選べ。

(1) 塩素が水と反応してできる物質。強力な酸化剤で殺菌・漂白作用がある。ナトリウム塩は塩素系漂白剤に使われている。(　　)

(2) この物質の水溶液に酸化マンガン(Ⅳ)を加えると，酸素が発生する。酸化剤として働くことが多く酸素系漂白剤に使われている。(　　)

(3) ハロゲンの単体。殺菌作用があり，うがい薬に使われている。(　　)

(4) 金属の単体。脱酸素剤はこの金属が酸化される(さびる)ことを利用して酸素を取り除いている。(　　)

(5) 緑茶などの食品の酸化防止剤として用いられる。(　　)

① 鉄Fe

② ヨウ素I_2

③ 過酸化水素H_2O_2

④ 次亜塩素酸$HClO$

⑤ ビタミンC(アスコルビン酸)

←**5** (1) 塩素と水の反応は，$Cl_2 + H_2O \rightarrow HCl + ?$
(2) 酸素発生の反応で，酸化マンガン(Ⅳ)は触媒。
(3) ハロゲンの単体はふつう酸化剤。
(4) 金属の単体は電子e^-を失って陽イオンになるので還元剤。この金属がさびるときの発熱を利用したものが使い捨てカイロ。

3 酸化剤と還元剤の反応

重要事項マスター

酸化剤・還元剤の電子e^-を含むイオン反応式

	物質名と化学式	電子e^-を含むイオン反応式（酸性溶液中）
酸化剤	過マンガン酸カリウム$KMnO_4$	$MnO_4^- + 8H^+ + 5e^- \longrightarrow Mn^{2+} + 4H_2O$
	塩素Cl_2	$Cl_2 + 2e^- \longrightarrow 2Cl^-$
	希硝酸HNO_3	$HNO_3 + 3H^+ + 3e^- \longrightarrow NO + 2H_2O$
	濃硝酸HNO_3	$HNO_3 + H^+ + e^- \longrightarrow NO_2 + H_2O$
	過酸化水素*1 H_2O_2	$H_2O_2 + 2H^+ + 2e^- \longrightarrow 2H_2O$
	二酸化硫黄*2 SO_2	$SO_2 + 4H^+ + 4e^- \longrightarrow S + 2H_2O$
還元剤	硫化水素H_2S	$H_2S \longrightarrow S + 2H^+ + 2e^-$
	過酸化水素*1 H_2O_2	$H_2O_2 \longrightarrow O_2 + 2H^+ + 2e^-$
	ヨウ化カリウムKI	$2I^- \longrightarrow I_2 + 2e^-$
	二酸化硫黄*2 SO_2	$SO_2 + 2H_2O \longrightarrow SO_4^{2-} + 4H^+ + 2e^-$

電子e^-を含むイオン反応式は酸性溶液中の反応であり，中性や塩基性の溶液中では別の反応が起こることもある。

*1　H_2O_2は，ふつうは酸化剤として働くが，$KMnO_4$などに対しては還元剤として働く。

*2　SO_2は，ふつうは酸化剤として働くが，H_2Sに対しては還元剤として働く。

Reference　酸化剤と還元剤の反応

二酸化硫黄SO_2と硫化水素H_2Sの反応

(1)　酸化剤と還元剤の電子e^-を含むイオン反応式を書く。

$SO_2 + 4H^+ + 4e^- \longrightarrow S + 2H_2O$　①

$H_2S \longrightarrow S + 2H^+ + 2e^-$　②

(2)　式①＋2×式②で電子$4e^-$を消去。同時に$4H^+$も消去する。

$SO_2 + \cancel{4H^+} + \cancel{4e^-} \longrightarrow S + 2H_2O$　①

+) $2H_2S \longrightarrow 2S + \cancel{4H^+} + \cancel{4e^-}$　2×②

$SO_2 + 2H_2S \longrightarrow 3S + 2H_2O$

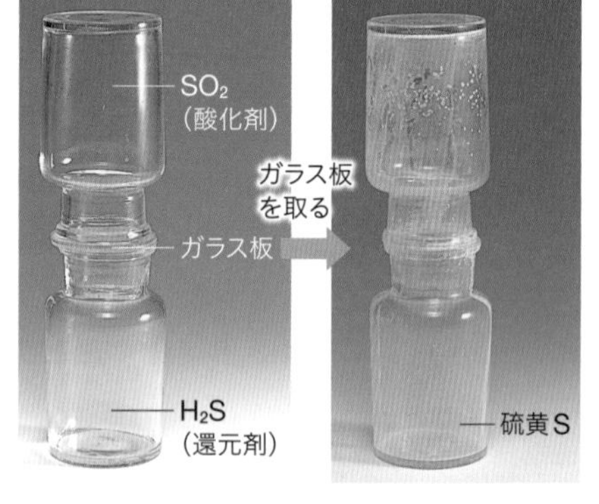

過酸化水素H_2O_2とヨウ化カリウムKIの反応（硫酸H_2SO_4を加えて酸性にした溶液中）

(1)　酸化剤と還元剤の電子e^-を含むイオン反応式を書く。

$H_2O_2 + 2H^+ + 2e^- \longrightarrow 2H_2O$　①

$2I^- \longrightarrow I_2 + 2e^-$　②

(2)　式①＋式②で電子$2e^-$を消去する。

$H_2O_2 + 2H^+ + \cancel{2e^-} \longrightarrow 2H_2O$　①

+) $2I^- \longrightarrow I_2 + \cancel{2e^-}$　②

$H_2O_2 + 2H^+ + 2I^- \longrightarrow I_2 + 2H_2O$

(3)　化学反応式にするのに必要なイオンを両辺に加える。

この場合は，SO_4^{2-}と$2K^+$を両辺に加える。

$H_2O_2 + \boxed{2H^+} + \boxed{2I^-} \longrightarrow I_2 + 2H_2O$

+) $\boxed{SO_4^{2-}}$　$\boxed{2K^+}$　$\boxed{SO_4^{2-}\ 2K^+}$

$H_2O_2 + H_2SO_4 + 2KI \longrightarrow I_2 + K_2SO_4 + 2H_2O$

$2H^+$を硫酸H_2SO_4にするためにSO_4^{2-}を加え，$2I^-$をヨウ化カリウムKIにするために$2K^+$を加えるのじゃ。

$\boxed{1}$ 塩素Cl_2(酸化剤)とヨウ化カリウムKI(還元剤)の酸化還元反応の化学反応式を書け。ただし，塩素とヨウ化カリウムの電子を含むイオン反応式は，それぞれ次のようになる。

$$Cl_2 + 2e^- \longrightarrow 2Cl^-$$
$$2I^- \longrightarrow I_2 + 2e^-$$

←1 まず，電子を消去する。次に，必要なイオン(この場合カリウムイオンK^+)を加える。

$\boxed{2}$ 濃硝酸HNO_3に銅Cuを加えると，銅は溶けてイオンになり，赤褐色の気体である二酸化窒素NO_2が発生する。この反応の化学反応式を書け。ただし，この反応では，濃硝酸が酸化剤，銅が還元剤であり，電子を含むイオン反応式は，それぞれ次のようになる。

$$HNO_3 + H^+ + e^- \longrightarrow NO_2 + H_2O$$
$$Cu \longrightarrow Cu^{2+} + 2e^-$$

←2 まず，電子を消去する。次に，必要なイオン(この場合硝酸イオンNO_3^-)を加える。

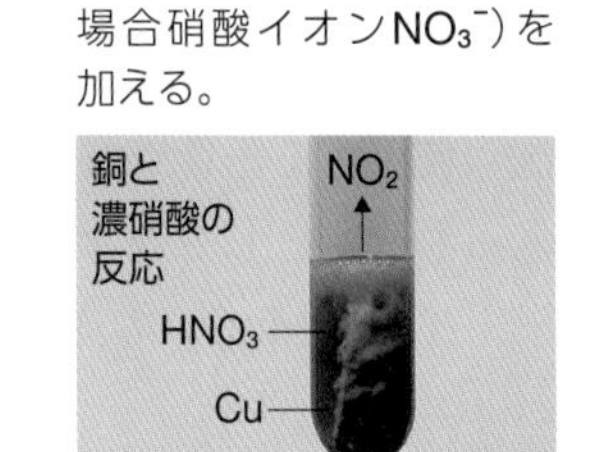

3章 物質の変化

4　酸化還元反応の量的関係

重要事項マスター

▶ 酸化還元反応の量的関係

① 酸化剤と還元剤が過不足なく反応するとき，次の関係が成り立つ。

酸化剤が受け取る電子e^-の物質量〔mol〕＝還元剤が失う電子e^-の物質量〔mol〕

酸化剤 1 mol が a mol の電子e^-を受け取る

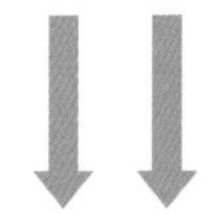

還元剤 1 mol が b mol の電子e^-を失う

a×酸化剤の物質量〔mol〕＝b×還元剤の物質量〔mol〕

酸化剤として，濃度 c〔mol/L〕の溶液を体積で V〔L〕

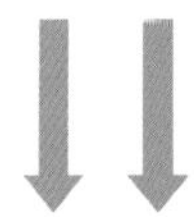

還元剤として，濃度 c'〔mol/L〕の溶液を体積で V'〔L〕

$$a \times c \times V \text{〔mol〕} = b \times c' \times V' \text{〔mol〕}$$

▶ 酸化還元滴定

② 酸化還元反応の量的関係を利用して，酸化剤や還元剤の水溶液の濃度を求める操作。

③ 使用する器具や操作方法は中和滴定とほぼ同じ。反応が酸化還元反応に変わっただけである。

④ 酸化剤として過マンガン酸カリウム $KMnO_4$ を用いると，過不足なく反応したときには過マンガン酸イオン MnO_4^- の赤紫色が消えずに残るので，指示薬を加える必要がない。

実験　酸化還元滴定

100 mLのメスフラスコにオキシドール10 mLをホールピペットで正確にとり，純水を加えて全体の量を100 mLにする。

溶液10 mLを正確にホールピペットでとり，硫酸を適量加えて酸性溶液にする。

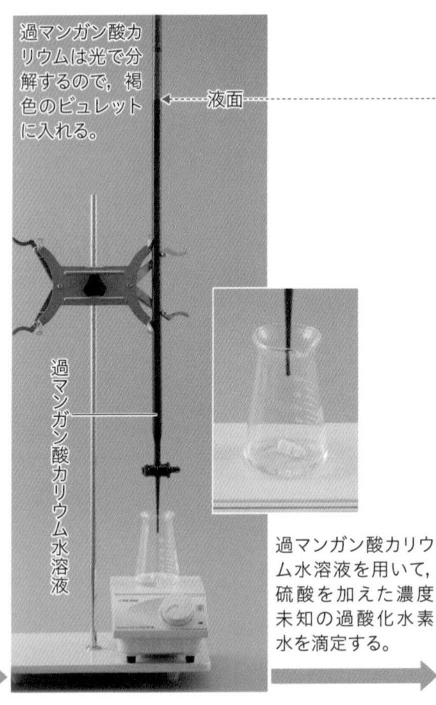

KMnO₄水溶液を滴下すると，はじめは赤紫色がすぐに消える。

過マンガン酸カリウム水溶液を用いて，硫酸を加えた濃度未知の過酸化水素水を滴定する。

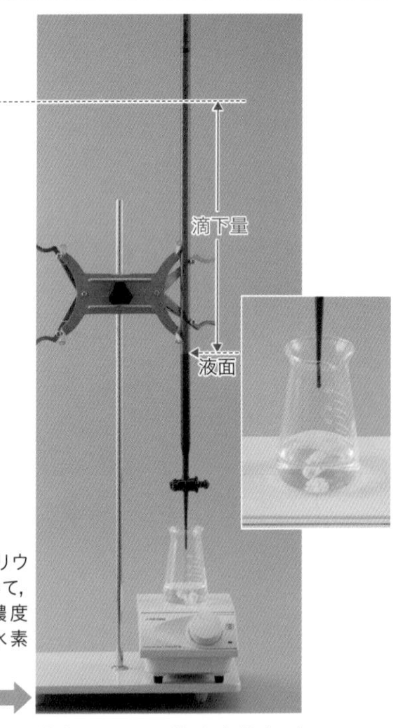

終点になると薄く赤紫色がついて消えなくなる。

Work　酸化還元滴定による濃度の計算

次の［　　］に数値を記入して，計算をしてみよう。

左ページの④実験のように，オキシドール（過酸化水素H_2O_2の水溶液）を水で10倍にうすめた後，うすめた溶液を10.0 mLとり，硫酸を加え，0.0200 mol/L過マンガン酸カリウム$KMnO_4$水溶液を滴下したら，19.0 mLで過不足なく反応した。うすめる前のオキシドール中の過酸化水素のモル濃度は何mol/Lだろうか。酸化剤と還元剤の電子e^-を含むイオン反応式は次のとおりである。

酸化剤（$KMnO_4$）　$MnO_4^- + 8H^+ + 5e^- \longrightarrow Mn^{2+} + 4H_2O$

還元剤（H_2O_2）　$H_2O_2 \longrightarrow O_2 + 2H^+ + 2e^-$

解答　オキシドールを水で10倍にうすめた溶液中の過酸化水素のモル濃度をc〔mol/L〕とすると，次の酸化剤と還元剤が過不足なく反応している。

酸化剤（$KMnO_4$）…1 molが［1　　］molの電子e^-を受け取る，
濃度［2　　　　］mol/L，体積［3　　　　］L

還元剤（H_2O_2）…1 molが［4　　］molの電子e^-を失う，
濃度c〔mol/L〕，体積［5　　　　］L

したがって，次の関係が成り立つ。

［1　　］×［2　　　　］mol/L×［3　　　　］L＝［4　　］×c〔mol/L〕×［5　　　　］L

これを解いて，c ＝［6　　　　］mol/L。

うすめる前の濃度はこの［7　　］倍だから，0.950 mol/Lになる。

Exercise

1　モル濃度が0.0500 mol/Lのシュウ酸$H_2C_2O_4$水溶液10.0 mLを加熱し，硫酸を加えた後，濃度不明の過マンガン酸カリウム$KMnO_4$水溶液を滴下した。滴下した量が10.0 mLのとき，赤紫色が消えずにわずかに残った。過マンガン酸カリウムのモル濃度は何mol/Lか。ただし，過マンガン酸カリウムとシュウ酸の反応は，電子e^-を含む次のイオン反応式で表される。

酸化剤（$KMnO_4$）　$MnO_4^- + 8H^+ + 5e^- \longrightarrow Mn^{2+} + 4H_2O$

還元剤（$H_2C_2O_4$）　$H_2C_2O_4 \longrightarrow 2CO_2 + 2H^+ + 2e^-$

←**1** 酸化剤と還元剤について，1 molが受け取る（失う）電子の物質量，モル濃度，体積を整理し，
$a \times c \times V = b \times c' \times V'$
の式を使うこと。

過マンガン酸カリウム
代表的な酸化剤。黒紫色の針状結晶で水溶液は濃い赤紫色。これは過マンガン酸イオンMnO_4^-の色である。反応すると淡桃色の（うすい水溶液では無色に見える）マンガンイオンMn^{2+}に変化する。

5 金属のイオン化傾向

重要事項マスター

▶ 金属のイオン化傾向

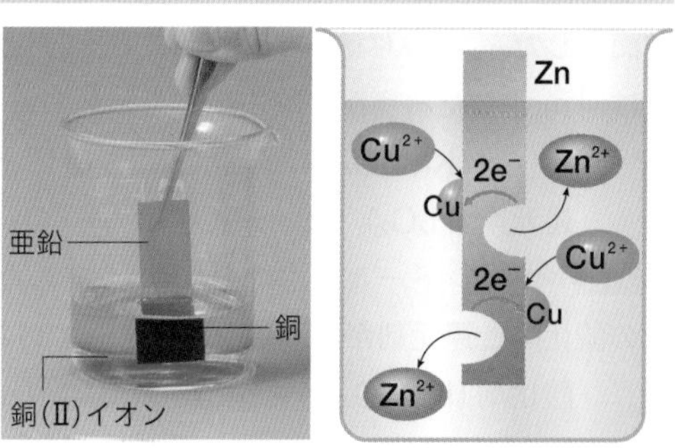

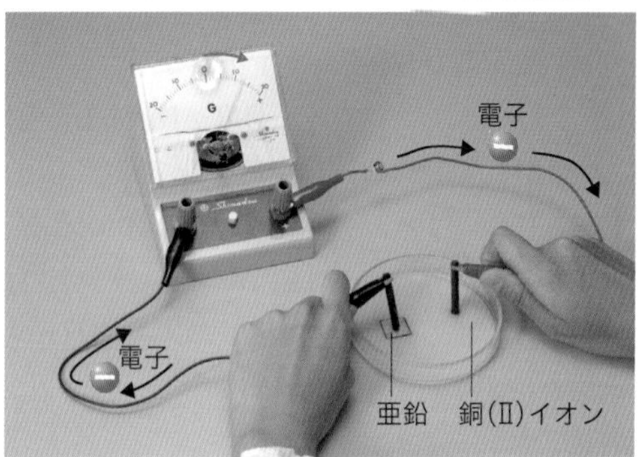

① 金属が水または水溶液中で(1 　　)イオンになる傾向を**金属のイオン化傾向**という。

② イオン化傾向が大きい金属ほど(2 　　)されやすい。

例 Zn を Cu^{2+} を含む水溶液に入れると，
Zn が Zn^{2+} になり，Cu^{2+} が Cu になる。

$$Zn + Cu^{2+} \longrightarrow Zn^{2+} + Cu$$

→Zn は Cu より陽イオンになりやすい。
（イオン化傾向の大小関係は Zn (3 　　) Cu）

$$\begin{cases} Zn \longrightarrow Zn^{2+} + 2e^- \\ Cu^{2+} + 2e^- \longrightarrow Cu \end{cases}$$

Zn が電子 e^- を失って(4 　　)され
Cu^{2+} が電子 e^- を受け取り(5 　　)された。

③ 金属をイオン化傾向の順に並べたものを，**イオン化列**という。

▶ 金属と水の反応

④ K，Ca，Na などイオン化傾向が大きい金属は，常温で水と反応して水酸化物になり(6 　　)が発生する。

例 $2Na + 2H_2O \longrightarrow 2NaOH +$ [7 　　] ↑
$Ca + 2H_2O \longrightarrow Ca(OH)_2 +$ [7 　　] ↑

⑤ Mg は沸騰水と反応して水酸化物に，Al，Zn，Fe は高温の水蒸気と反応して酸化物になり，(6 　　)が発生する。

例 $Mg + 2H_2O \longrightarrow Mg(OH)_2 +$ [7 　　] ↑
$2Al + 3H_2O \longrightarrow Al_2O_3 + 3$ [7 　　] ↑

▶ 金属と酸の反応

⑥ 水素よりイオン化傾向の大きい金属は，塩酸や希硫酸中の H^+ と反応し，(6 　　)が発生する。

例 $Zn + 2HCl \longrightarrow ZnCl_2 +$ [7 　　] ↑ （イオン反応式は $Zn + 2H^+ \longrightarrow Zn^{2+} +$ [7 　　] ↑）

⑦ 水素よりイオン化傾向の小さい Cu，Hg，Ag は，塩酸や希硫酸とは反応しないが，酸化力の強い酸である硝酸や加熱した硫酸（熱濃硫酸）とは反応する。このとき，希硝酸では(8 　　)が，濃硝酸では(9 　　)が，熱濃硫酸では(10 　　)がおもに発生する。

例 銅と希硝酸 $3Cu + 8HNO_3 \longrightarrow 3Cu(NO_3)_2 + 4H_2O + 2$ [11 　　] ↑
銅と濃硝酸 $Cu + 4HNO_3 \longrightarrow Cu(NO_3)_2 + 2H_2O + 2$ [12 　　] ↑
銅と熱濃硫酸 $Cu + 2H_2SO_4 \longrightarrow CuSO_4 + 2H_2O +$ [13 　　] ↑

⑧ Pt と Au は，硝酸や熱濃硫酸でも反応しないが，(14 　　)には溶ける。

Reference　金属のイオン化傾向

大 ← イオン化傾向 → 小

<table>
<tr><th></th><th>Li</th><th>K</th><th>Ca</th><th>Na</th><th>Mg</th><th>Al</th><th>Zn</th><th>Fe</th><th>Ni</th><th>Sn</th><th>Pb</th><th>(H_2)</th><th>Cu</th><th>Hg</th><th>Ag</th><th>Pt</th><th>Au</th></tr>
<tr><td rowspan="2">乾燥空気との反応</td><td colspan="4">常温ですぐ酸化される</td><td colspan="7">常温で表面に酸化被膜ができる</td><td colspan="6"></td></tr>
<tr><td colspan="14">加熱により酸化される</td><td colspan="3"></td></tr>
<tr><td rowspan="3">水との反応</td><td colspan="4">常温で反応する</td><td colspan="13"></td></tr>
<tr><td colspan="5">沸騰水と反応する</td><td colspan="12"></td></tr>
<tr><td colspan="8">高温の水蒸気と反応する</td><td colspan="9"></td></tr>
<tr><td rowspan="3">酸との反応</td><td colspan="11">希硫酸・塩酸と反応して，水素が発生する*1</td><td colspan="6"></td></tr>
<tr><td colspan="15">硝酸・熱濃硫酸と反応して溶ける*2</td><td colspan="2"></td></tr>
<tr><td colspan="17">王水*3と反応して溶ける</td></tr>
</table>

*1　Pbは希硫酸・塩酸とはほとんど反応しない。　*2　Al，Fe，Niなどは濃硝酸とはほとんど反応しない。
*3　濃硝酸と濃塩酸を体積比1：3の割合で混合した溶液で，酸化力がきわめて強い。

Kは常温の水と反応しH_2発生。

Naは常温の水と反応しH_2発生。

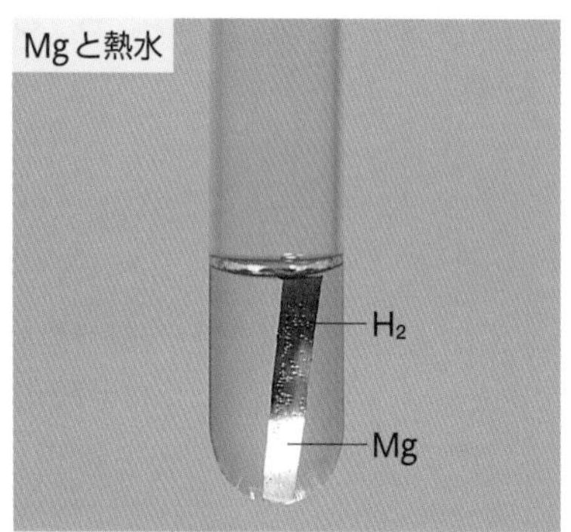

Mgは沸騰水と反応しH_2発生。

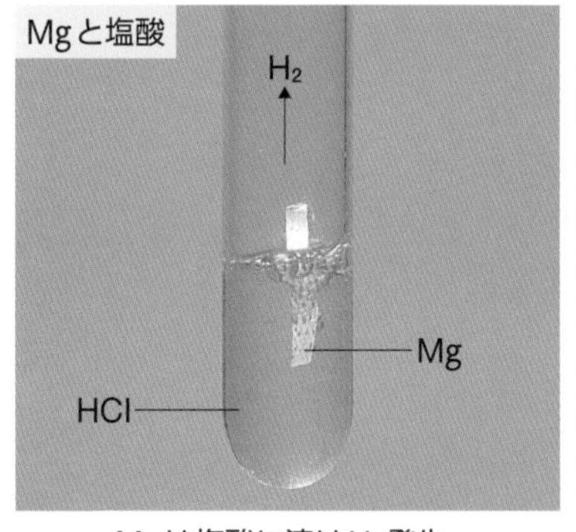

Mgは塩酸に溶けH_2発生。

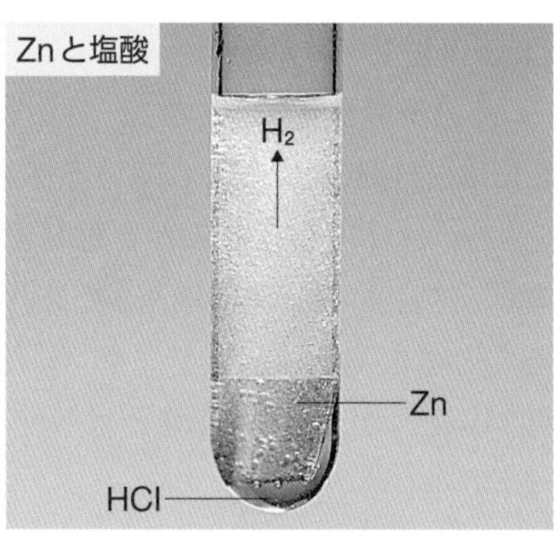

Znは塩酸に溶けH_2発生。

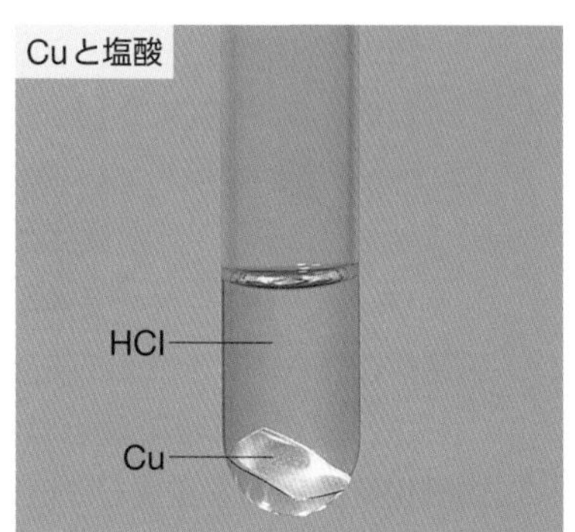

Cuは塩酸には溶けない。

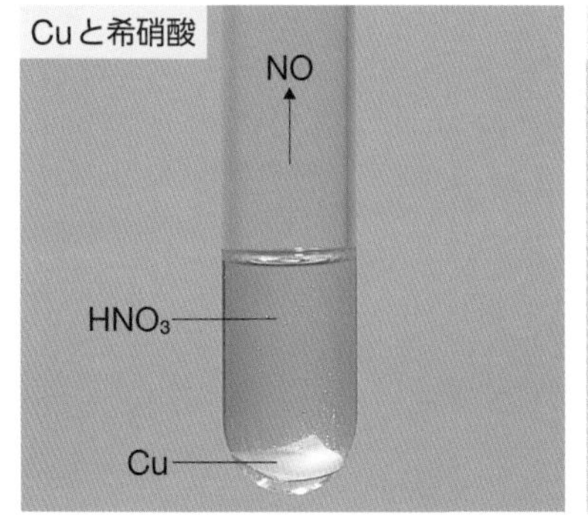

Cuは希硝酸に溶けNO発生。

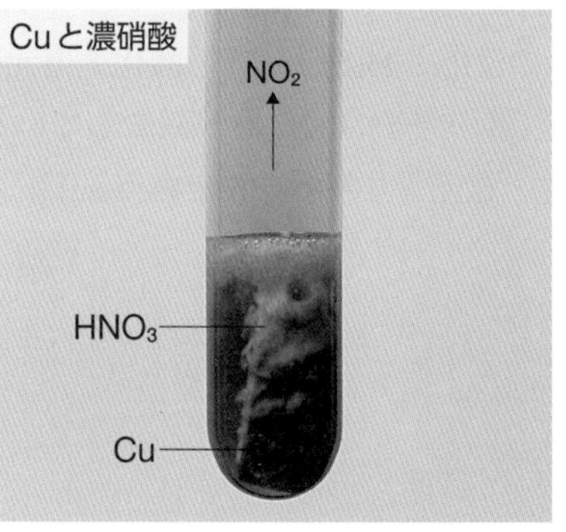

Cuは濃硝酸に溶けNO_2発生。

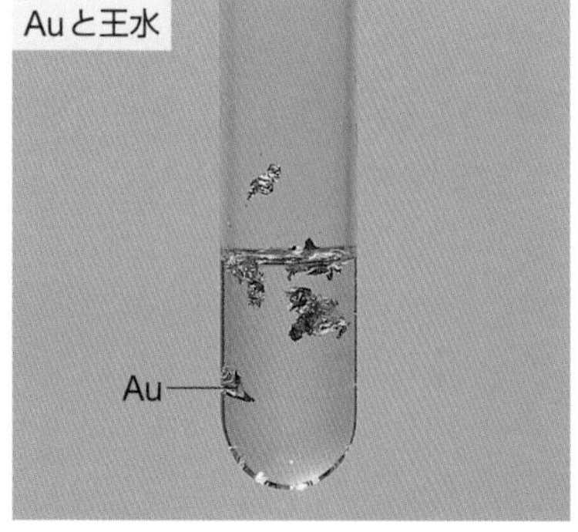

Auは王水に溶け黄色の溶液になる。

3章　物質の変化

Exercise

1 次の図中の（ア　　），（イ　　）には < または > の記号を，文章中の（ウ　　）～（オ　　）にはA，B，Cのいずれかを記入せよ。

金属A, B, Cがある。Aのイオンを含む水溶液とBのイオンを含む水溶液にそれぞれCの単体を入れて放置すると，次の図のようになった。

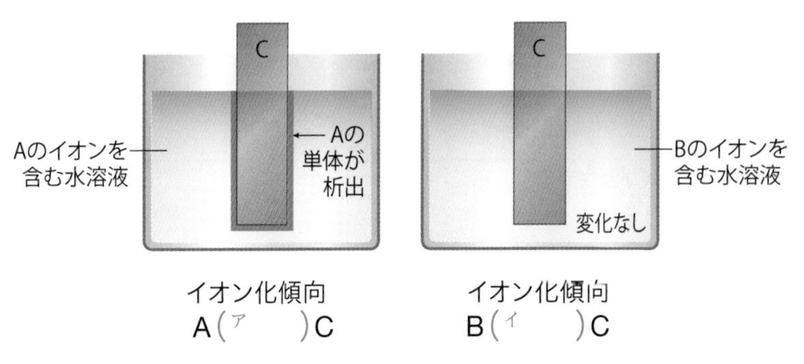

この結果から，金属A，B，Cをイオン化傾向が大きい順に並べると，次のようになる。

（ウ　　）>（エ　　）>（オ　　）

← **1** 陽イオンになりやすいほうがイオン化傾向が大きい。

2 次の文章中の［1　　］～［4　　］には元素記号または化学式を，（ア　　）～（エ　　）には酸化数を記入し，文章を完成させよ。また，〔a　　〕～〔c　　〕からは正しい語句を一つずつ選べ。

　亜鉛Znは希硫酸と反応し，水素H_2を発生して溶ける。

$$Zn + H_2SO_4 \longrightarrow ZnSO_4 + H_2 \uparrow$$

この反応ではH_2SO_4の［1　　］原子の酸化数が（ア　　）から（イ　　）に減少している。これは，H_2SO_4に含まれているイオンのうち2［2　　］が気体の［3　　］になったことを意味する。したがって，［2　　］を含む物質，すなわち〔a 酸・塩基〕であれば，希硫酸に限らず，亜鉛と反応することになる。

　一方，銅Cuは希硫酸とは反応しないが，熱濃硫酸とは反応し，二酸化硫黄SO_2を発生して溶ける。

$$Cu + 2H_2SO_4 \longrightarrow CuSO_4 + 2H_2O + SO_2 \uparrow$$

この反応ではH_2SO_4の［4　　］原子の酸化数が（ウ　　）から（エ　　）に減少している。この反応もH_2SO_4が〔b 酸化・還元〕剤になるが，酸の［1　　］原子以外の原子の酸化数が減少しているので，このような酸を特に〔c 酸化・還元〕力のある酸という。

← **2** 金属と酸の酸化還元反応を，酸化数の観点から確認する。同時に，ふつうの酸と酸化力のある酸の違いを理解しよう。

3 金属A～Eは，Ag，Au，Na，Sn，Znのどれかである。次の〔実験1〕～〔実験4〕から，A～Eがどの金属か推定し，元素記号で答えよ。

〔実験1〕 常温で水と反応して水素を発生したのはAだけだった。
〔実験2〕 BとCは塩酸と反応し，水素を発生して溶けたが，DとEは塩酸とは反応しなかった。
〔実験3〕 Bのイオンを含む水溶液中にCを入れると，Bは金属になって析出し，Cはイオンになって溶けた。
〔実験4〕 Dは濃硝酸と反応して溶けたが，Eは反応しなかった。

（A：　　B：　　C：　　D：　　E：　　）

← **3** 〔実験1〕からAがわかる。〔実験2〕と〔実験3〕からBとCがわかる。〔実験2〕と〔実験4〕からDとEがわかる。

4 金属および金属イオンの反応性に関する記述として**誤りを含むもの**を，次のうちから一つ選べ。
① 硫酸銅(Ⅱ)水溶液に亜鉛を浸すと銅が析出する。
② 塩化マグネシウム水溶液に鉄を浸すとマグネシウムが析出する。
③ 硝酸銀水溶液に銅を浸すと銀が析出する。
④ 塩酸に亜鉛を浸すと水素が発生する。
⑤ 白金は王水に溶ける。

（　　）

← **4** ①～④はイオン化傾向の大小から判断する。

5 金属の単体の反応に関する記述として**誤りを含むもの**を，次のうちから一つ選べ。
① 銀は，希硫酸と反応して水素を発生する。
② カルシウムは，水と反応して水素を発生する。
③ 亜鉛は，希硫酸と反応して水素を発生する。
④ スズは，希硫酸と反応して水素を発生する。
⑤ アルミニウムは，高温の水蒸気と反応して水素を発生する。

（　　）

← **5** 金属と酸の反応。イオン化傾向の大小から判断する。発生する気体にも注意。

6 電池

重要事項マスター

電池の原理

① **電池(化学電池)**とは，酸化還元反応で放出される化学エネルギーを電気エネルギーとして取り出す装置である。

<table>
<tr><th colspan="2">負極</th><th>正極</th></tr>
<tr><td colspan="2">電池の負極(マイナス極)では，還元剤が電子e^-を放出する(1　　　)される反応が起こる。その結果，負極からは電子e^-が導線へ流れ出る。</td><td>電池の正極(プラス極)へは電子e^-が導線から流れ込む。正極では，酸化剤が電子e^-を受け取る(2　　　)される反応が起こる。</td></tr>
<tr><td>電流</td><td colspan="2">電流の向きは電子e^-の流れと逆なので，電流は(3　　　)極から(4　　　)極へ流れる。</td></tr>
<tr><td>起電力</td><td colspan="2">正極と負極の間の電位差(電圧)を電池の起電力という。電池の起電力は，負極の還元剤と正極の酸化剤の種類で決まる。</td></tr>
</table>

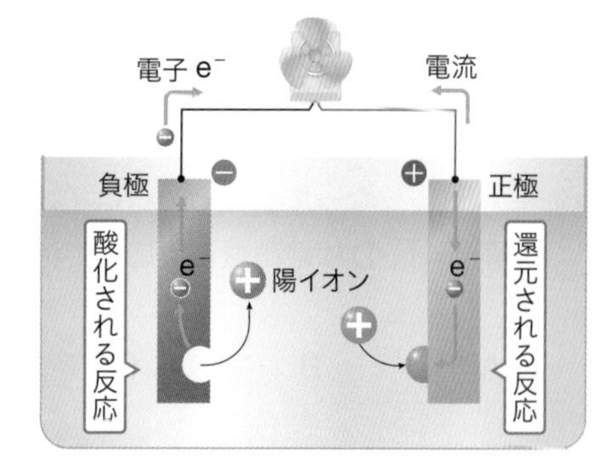

ダニエル電池

② 亜鉛Zn板を浸した硫酸亜鉛$ZnSO_4$水溶液と，銅Cu板を浸した硫酸銅(Ⅱ)$CuSO_4$水溶液の間を，セロハンや素焼(すやき)き板などで仕切った電池。ZnとCuのイオン化傾向の違いを利用した電池である。

負極　$Zn \longrightarrow Zn^{2+} + 2e^-$　Znが(5　　　)された

正極　$Cu^{2+} + 2e^- \longrightarrow Cu$　Cu^{2+}が(6　　　)された

反応が起こると，(7　　)極では陽イオンが増えて，(8　　)極では陽イオンが減るため，セロハンを通ってSO_4^{2-}が(9　　)極から(10　　)極へ移動する。

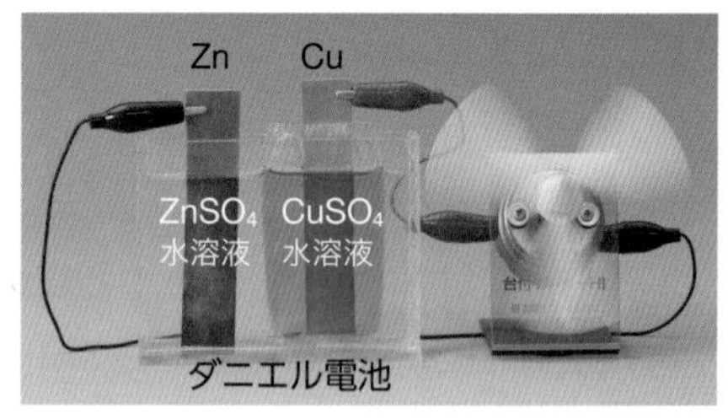

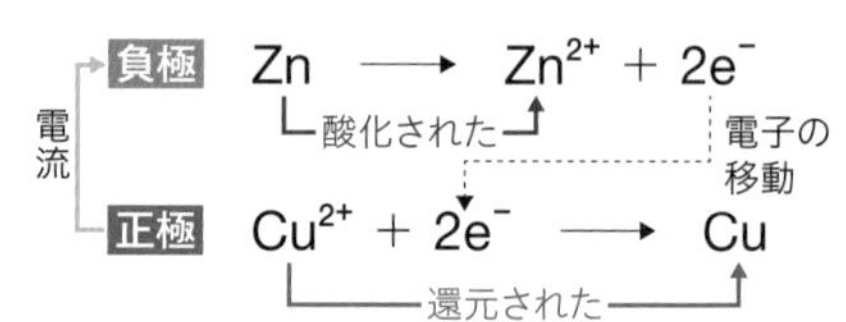

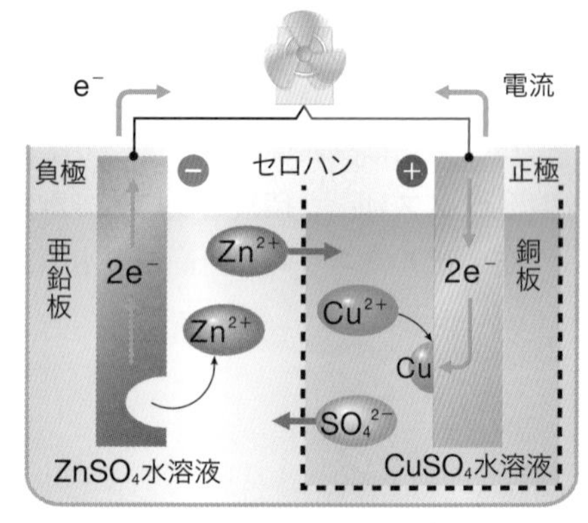

・金属とそのイオンを組み合わせたダニエル型電池では，イオン化傾向が大きい金属が負極になる。
・ダニエル型電池では，正極と負極の金属のイオン化傾向の差が大きいほど，起電力が大きい。

一次電池と二次電池

③ 電池から電気エネルギーを取り出すことを(11　　　)，電池に外部から電気エネルギーを与えて(11　　　)と逆向きの反応を起こすことを(12　　　)という。

④ ダニエル電池やマンガン乾電池のように(12　　　)ができない電池を(13　　　)電池という。

⑤ 鉛蓄電池やリチウムイオン電池のように，(12　　　)ができる電池を(14　　　)電池または**蓄電池**という。

⑥ このほかに水素のような燃料が燃えるときのエネルギーを電気エネルギーとして取り出す**燃料電池**がある。

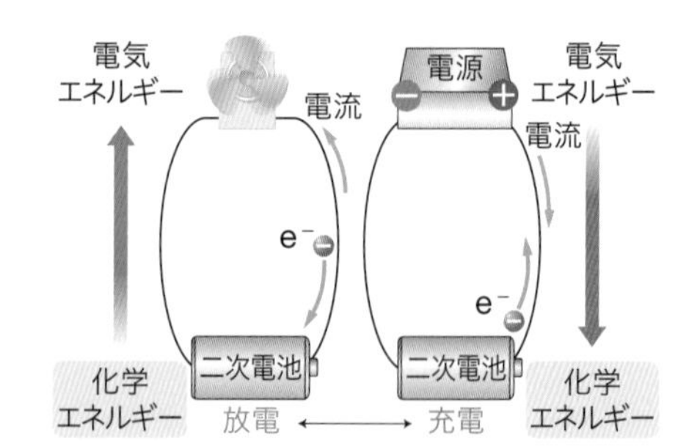

Reference　実用電池

分類	電池の名称	電池の構成			起電力	用途
		負極の還元剤	電解質	正極の酸化剤		
一次電池	マンガン乾電池	Zn	$ZnCl_2$，NH_4Cl *1	MnO_2	1.5 V	懐中電灯
	アルカリマンガン乾電池	Zn	KOH *1	MnO_2	1.5 V	リモコン
	酸化銀電池	Zn	KOH	Ag_2O	1.55 V	時計
	リチウム電池	Li	リチウムの塩 *2	MnO_2	3.66 V	パソコン
二次電池	鉛蓄電池	Pb	H_2SO_4	PbO_2	2.1 V	バッテリー
	ニッケル水素電池	MH *3	KOH	NiO(OH)	1.2 V	コードレス電話
	リチウムイオン電池	黒鉛	リチウムの塩 *2	$LiCoO_2$	3.6 V	ノートパソコン
燃料電池		H_2	H_3PO_4 *4	O_2	1.2 V	家庭用発電機

＊1　電解質の水溶液を糊(のり)状に固めてあるため「乾電池」という。液もれしないので携帯に便利。
＊2　電解質の溶媒に水が使えないので，溶媒としては有機化合物を使用する。
＊3　MHは水素を吸蔵した合金を表す。
＊4　電解質としてKOHを使ったものや，固体電解質を使ったものもある。

一次電池

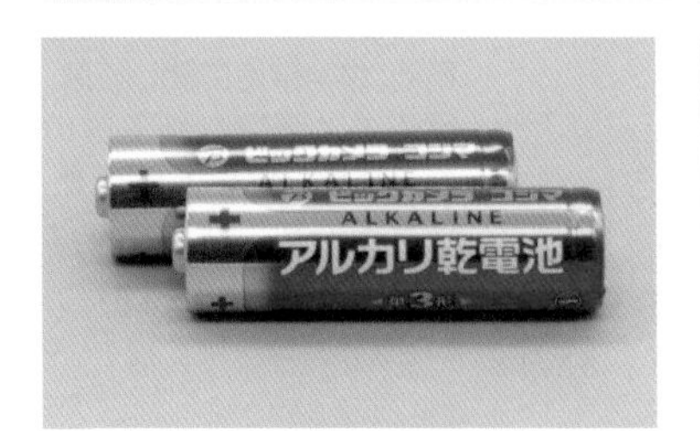

アルカリマンガン乾電池
マンガン乾電池の電解液を，酸化亜鉛ZnOを飽和させた水酸化カリウムKOH水溶液にしたもの。大きな電流を安定して取り出すことができる。

酸化銀電池
正極の酸化剤が酸化銀Ag_2Oなのでこの名がある。一定の電圧が長く続くため，腕時計や電子体温計などに用いられている。

リチウム電池
負極の還元剤がリチウムLiなので，起電力が大きく，1個で発光ダイオードを光らせることができる。リチウムイオン電池と混同しないこと。

二次電池

鉛蓄電池
負極の還元剤は鉛Pb，正極の酸化剤は酸化鉛(Ⅳ)PbO_2で，電解液は希硫酸H_2SO_4である。代表的二次電池。自動車のバッテリーに用いられる。

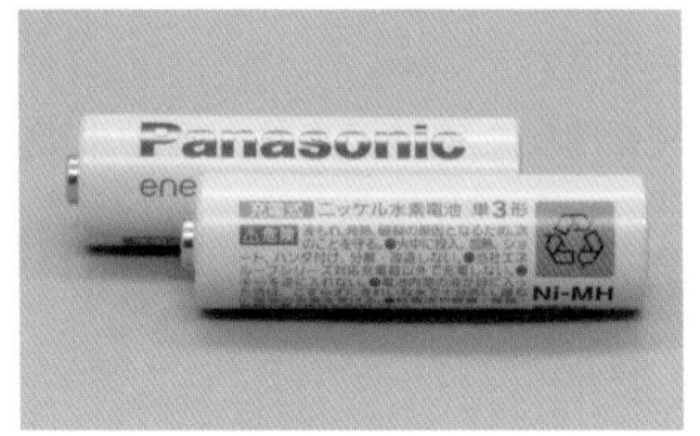

ニッケル水素電池
負極の還元剤に水素が出入りできる水素吸蔵合金を使っている。長時間電圧を一定に保つことができ，乾電池のかわりとしても使われている。

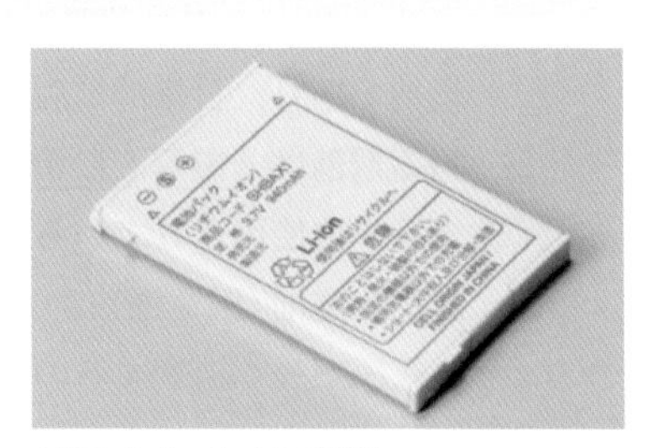

リチウムイオン電池
リチウム電池よりも安全性を高めた二次電池である。長く使用でき，軽量で起電力が大きい。携帯電話，電気自動車などに広く利用されている。

Exercise

1 化学電池（電池）に関する記述として**誤りを含むもの**を，次のうちから一つ選べ。

① 電池の放電では化学エネルギーが電気エネルギーに変換される。
② 電池の放電時には，負極では還元反応が起こり，正極では酸化反応が起こる。
③ 電池の正極と負極との間に生じる電位差を電池の起電力という。
④ 水素を燃料として用いる燃料電池では，発電時（放電時）に水が生成する。

（　　）

← **1** 太陽電池のように光エネルギーを電気エネルギーに変換する電池もあるので，酸化還元反応を利用した電池を，特に化学電池ということもある。

2 化学電池（電池）に関する記述として下線部に**誤りを含むもの**を，次のうちから一つ選べ。

① 導線から電子が流れこむ電極を電池の正極という。
② 充電によって繰り返し使うことのできる電池を二次電池という。
③ ダニエル電池では亜鉛よりイオン化傾向が小さい銅の電極が負極となる。
④ 鉛蓄電池では鉛と酸化鉛（Ⅳ）を電極に用いる。

（　　）

← **2** ダニエル電池に関しては，正極と負極の反応式を含めて，しっかりと理解しておきたい。乾電池，鉛蓄電池，燃料電池に関しては，反応式は書けなくてよいが，正極，負極と電解液，一次電池か二次電池かは知っておくとよい。

3 身のまわりの電池に関する記述として下線部に**誤りを含むもの**を，次のうちから一つ選べ。

① アルカリマンガン乾電池は，正極に MnO_2，負極に Zn を用いた電池であり，日常的に広く使用されている。
② 鉛蓄電池は，電解液に希硫酸を用いた電池であり，自動車のバッテリーに使用されている。
③ 酸化銀電池（銀電池）は，正極に Ag_2O を用いた電池であり，一定の電圧が長く持続するので，腕時計などに使用されている。
④ リチウムイオン電池は，負極に Li を含む黒鉛を用いた一次電池であり，軽量であるため，ノート型パソコンや携帯電話などの電子機器に使用されている。

（　　）

← **3** ③はやや特殊な電池なので判断は難しいが，誤っている選択肢は比較的わかりやすい。身のまわりの電池について，日ごろから関心をもつことが大切である。

4 次の文章は，右図の電池の原理を説明したものである。[1　　]，[2　　]には化学式を，(ア　　)～(オ　　)には語句を記入し，文章を完成させよ。

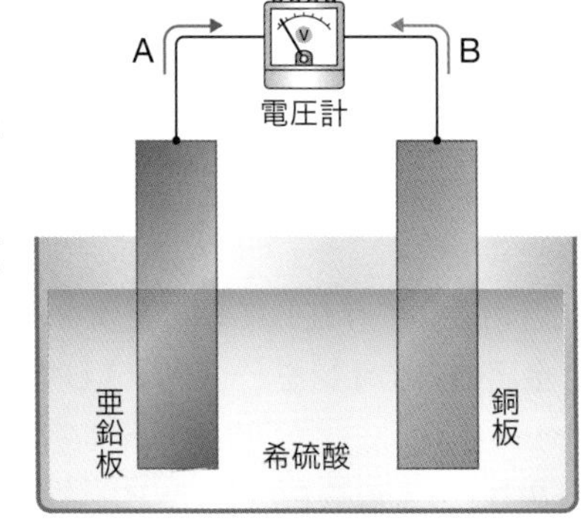

希硫酸に亜鉛板と銅板を入れ，導線でつなぐと，亜鉛Zn板では，

$Zn \longrightarrow$ [1　　] $+ 2e^-$

の反応が起こる。この反応で亜鉛Znは(ア　　)されている。
このとき生じた電子e^-は，導線を通り銅板に移動する。
銅板では，希硫酸中の水素イオンH^+が電子e^-を受け取り，

$2H^+ + 2e^- \longrightarrow$ [2　　]

の反応が起こる。この反応で水素イオンH^+は(イ　　)されている。
電子e^-は亜鉛板から導線を通り銅板に移動するので，電流は図のA，Bのうち，(ウ　　)の方向に流れる。したがって，この電池において，銅板は(エ　　)極，亜鉛板は(オ　　)極となる。

← 4 希硫酸に亜鉛と銅を入れたこの電池をボルタ電池とよぶ。

5 右図のように，素焼き板で仕切られた容器の一方に硫酸亜鉛水溶液を入れて亜鉛板を浸し，もう一方に硫酸銅(Ⅱ)水溶液を入れて銅板を浸した後，これらの金属板と豆電球を導線でつないだ。このとき，導線を流れた電流の向き(アまたはイ)および放電後の亜鉛板と銅板の合計質量の変化の組合せとして最も適当なものを，次のうちから一つ選べ。ただし，Znの原子量は65，Cuの原子量は64とする。

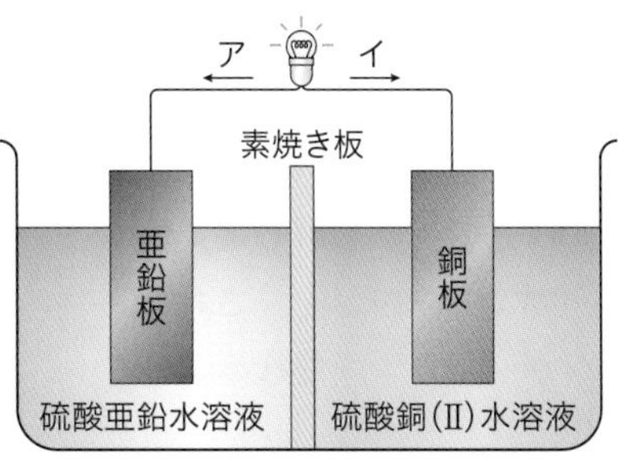

	電流の向き	亜鉛板と銅板の合計質量の変化
①	ア	増加する
②	ア	変化しない
③	ア	減少する
④	イ	増加する
⑤	イ	変化しない
⑥	イ	減少する

(　　)

← 5 ダニエル電池に関する問題。電流の向きを判断するのは容易だが，亜鉛板と銅板の合計質量の変化を考えるのは難しい。

ダニエル電池の反応式

負極

$Zn \longrightarrow Zn^{2+} + 2e^-$

1mol ← 2mol

↓

□ g減少

正極

$Cu^{2+} + 2e^- \longrightarrow Cu$

2mol → 1mol

↓

□ g増加

7 酸化還元反応と金属の製錬

重要事項マスター

▶ 金属の製錬

① **金属の製錬**とは，鉱石中に化合物として存在している金属を単体として取り出す操作である。化合物中の金属は陽イオンだから，金属の陽イオンを（1　　　）して単体にする操作ともいえる。

▶ 鉄Fe

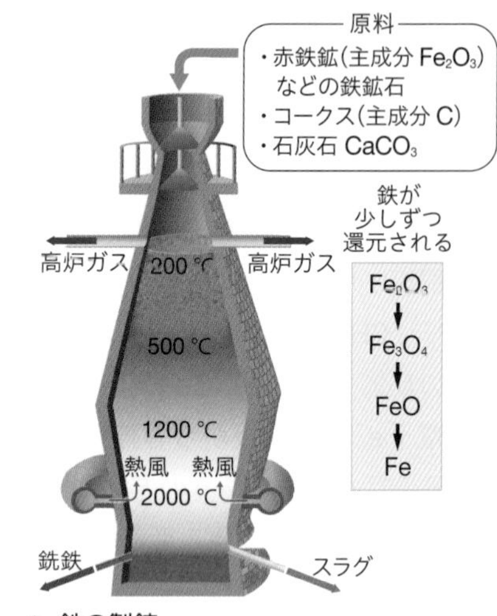

↑ 鉄の製錬

・**鉱石**…赤鉄鉱（主成分 Fe_2O_3），磁鉄鉱（主成分 Fe_3O_4）など。

・**製錬**…鉄の酸化物である鉄鉱石を，コークス（主成分C）などとともに溶鉱炉に入れ，熱風を送って加熱。

・**反応**…コークスCの不完全燃焼で生じた（2　　　　）で鉄鉱石を（1　　　）する。

$$Fe_2O_3 + 3CO \longrightarrow 2Fe + 3CO_2$$

・**補足**…得られる鉄は**銑鉄**（せんてつ）とよばれ，（3　　　）を多く含み，かたくてもろい。融点が低く鋳物（いもの）として利用される。銑鉄に酸素を吹き込み（3　　　）を減らした鉄は**鋼**（こう）とよばれ，弾性に富む。建築材料などに用いられる。

▶ アルミニウムAl

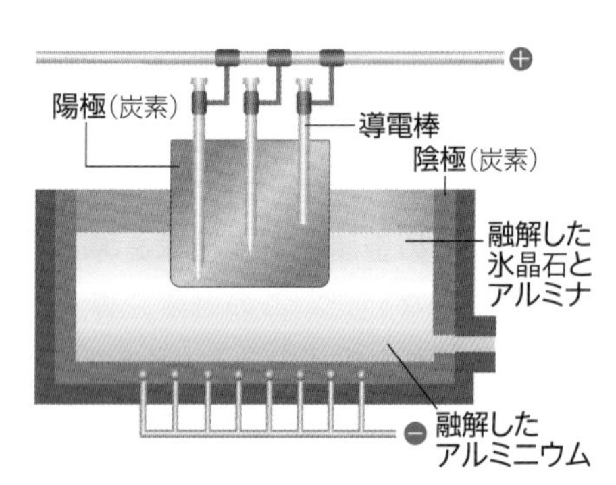

↑ アルミニウムの製錬（Al_2O_3の溶融塩電解）

・**鉱石**…ボーキサイト。

・**製錬**…ボーキサイトからアルミナ（酸化アルミニウム Al_2O_3）をつくる。アルミナは融点が高いので，氷晶石（ひょうしょうせき）に加えて，融点を下げ，約1000 ℃で加熱融解し電気分解する。陰極でアルミニウムイオンが（1　　　）される。

・**反応**…陰極でアルミニウムイオンが（1　　　）される。

陰極　$Al^{3+} + 3e^- \longrightarrow Al$

・**補足**…アルミニウムはイオン化傾向が（4　　　）いので，コークスでは還元できない。また，イオンを含む水溶液を電気分解しても析出しない。塩を融解して電気分解する方法を（5　　　　）といい，亜鉛よりイオン化傾向の大きい金属の製錬に用いられる。

▶ 銅Cu

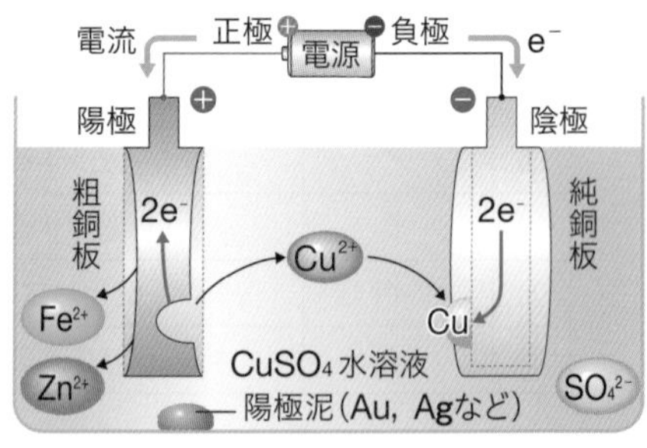

↑ **銅の電解精錬**　陽極の粗銅が溶けるとき，銅よりイオン化傾向の小さい銀Agや金Auは，金属のまま陽極の下にたまる。亜鉛Znや鉄Feなどは，イオンになり溶液中に残る。

・**鉱石**…黄銅鉱（主成分 $CuFeS_2$）。なお，銅はイオン化傾向が（6　　　）いので，単体が天然にも存在する。

・**製錬**…黄銅鉱を溶鉱炉などで空気を吹き込みながら加熱し，粗銅（純度約99%）にする。さらに，粗銅を陽極にして硫酸酸性の硫酸銅（Ⅱ）水溶液中で電気分解し，陰極に純銅（純度約99.99%）を析出させる。

・**反応**…陽極で粗銅が溶けて銅が銅（Ⅱ）イオンになり，陰極で銅（Ⅱ）イオンが（1　　　）されて純銅が析出する。

陰極　$Cu^{2+} + 2e^- \longrightarrow Cu$

・**補足**…電気分解を応用して不純物を含む金属から純粋な金属を得る方法を（7　　　　）という。

 Exercise

1 次の文章中の空欄(ア　)～(コ　)に当てはまる語句として最も適当なものを，下の①～⑮のうちから一つずつ選べ。

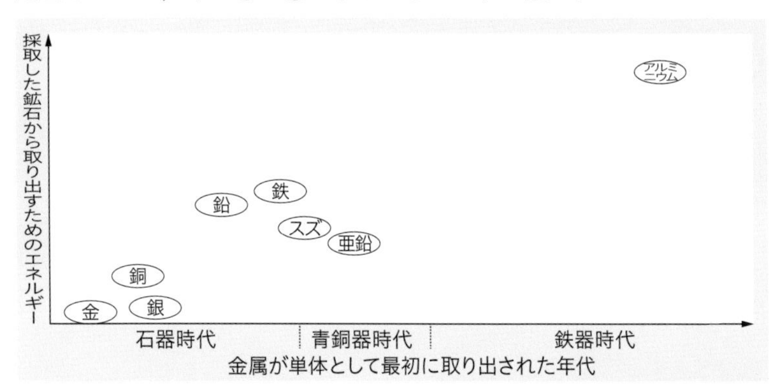

金属が単体として最初に取り出された年代は，ある文献によれば上図のように表される。上図の縦軸は，採取した鉱石から金属単体を取り出すためのエネルギーを表し，鉱石中の金属と(ア　)の結合の強さに関連している。

金は，イオン化傾向が(イ　)，図に示す金属の中で最も(ア　)との結合が弱いので，単体の状態で存在している。

鉱石の大部分は，金属と(ア　)の化合物，すなわち(ウ　)物であり，これを(エ　)して金属単体をつくる。アルミニウム，鉄，銅の各(ウ　)物を比較すると，(ア　)との結合が最も(オ　)のは銅である。銅は，低い反応温度で金属単体をつくることができ，早い時代から利用されてきた。銅は(カ　)との合金である青銅としても使用され，青銅器時代が始まった。

鉄の製錬は次のとおりである。溶鉱炉に鉄鉱石，(キ　)，石灰石などを入れ，下から熱風を吹き込んで(キ　)を燃やす。このとき，鉄鉱石の主成分である鉄の(ウ　)物は，(キ　)から生じる一酸化炭素と反応して(ク　)となる。(ク　)は約4％の(ケ　)を含む。(ク　)を転炉に移して(ア　)を吹き込むと，大部分の(ケ　)が除かれ，(コ　)となる。(コ　)ははがねともよばれ，かたく強い。

① 大きく	② 小さく	③ 強い
④ 弱い	⑤ 酸化	⑥ 還元
⑦ 鉛	⑧ スズ	⑨ 亜鉛
⑩ 石油	⑪ コークス	⑫ 炭素
⑬ 酸素	⑭ 鋼	⑮ 銑鉄

← 1 鉱石の多くは金属の酸化物である。金属と酸素との結合の強さは，金属のイオン化傾向の大小から判断してよい。一般に，イオン化傾向が小さい金属ほど，酸素との結合が弱い。

表紙デザイン
アトリエ小びん　佐藤志帆
本文デザイン
アトリエ小びん　佐藤志帆

高校化学基礎カラーノート

●編　者 ── 実教出版編修部

●発行者 ── 小田　良次

●印刷所 ── 共同印刷株式会社

●発行者 ── 実教出版株式会社

〒102-8377　東京都千代田区五番町5
電 話〈営業〉(03)3238-7777
〈編修〉(03)3238-7781
〈総務〉(03)3238-7700
https://www.jikkyo.co.jp

002402022　ISBN　978-4-407-36045-5

周期表とメンデレーエフ

メンデレーエフは,1869年に元素の性質には周期性がみられることを発見し,周期表を作成した。

メンデレーエフと周期表

ガボン（2010年）

メンデレーエフ生誕150年

ブルガリア（1984年）

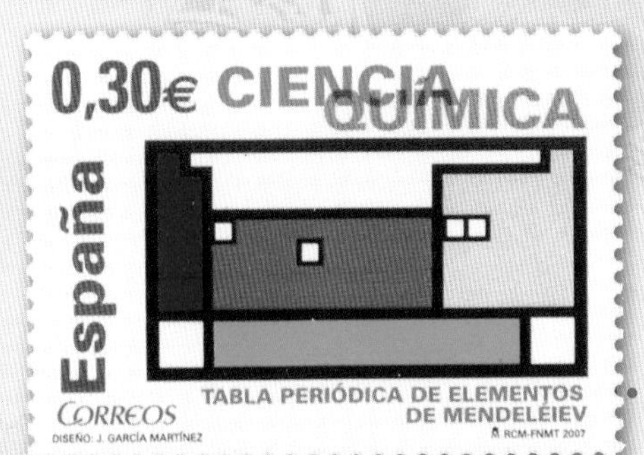

周期表

スペイン（2007年）

メンデレーエフ生誕100年　ソ連（1934年）

物質ピックアップ

イオン結晶　分子結晶　金属結晶　共有結合の結晶

塩化アンモニウム
NH_4Cl

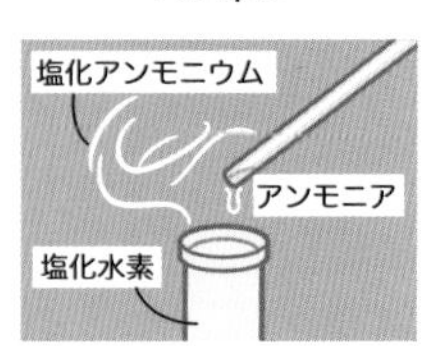

空気中で塩化水素とアンモニアが反応すると，塩化アンモニウムの白煙が生じる。

塩化カルシウム
$CaCl_2$

吸湿性が強く，乾燥剤や除湿剤として用いられる。

塩化銀
$AgCl$

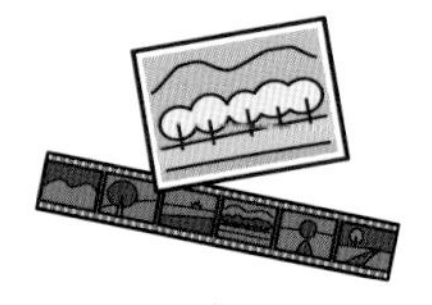

感光性があるため，光を当てると銀が析出する。

塩化ナトリウム
$NaCl$

海水に溶けている塩類のうち，最も多い。古くから調味料や食品の保存に用いられてきた。

過マンガン酸カリ
$KMnO_4$

水溶液中で過マン
酸イオンを生じる。ま
強い酸化作用を示す

水酸化カルシウム
$Ca(OH)_2$

消石灰ともよばれる。飽和水溶液を石灰水といい，二酸化炭素の検出に用いられる。

水酸化ナトリウム
$NaOH$

苛性ソーダともよばれ，パイプ用洗剤やカビ取り剤に用いられている。

炭酸カルシウム
$CaCO_3$

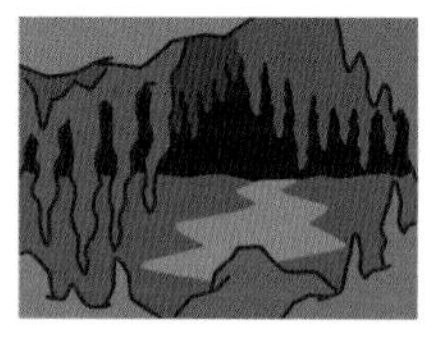

天然に石灰石や大理石として存在する。石灰岩が地下水に溶けて，鍾乳洞ができる。

炭酸水素ナトリウム
$NaHCO_3$

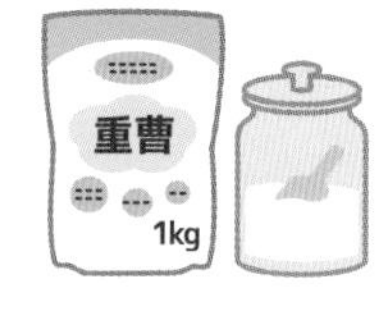

重曹ともよばれ，胃薬や発泡性入浴剤などに用いられている。

炭酸ナトリウム
Na_2CO_3

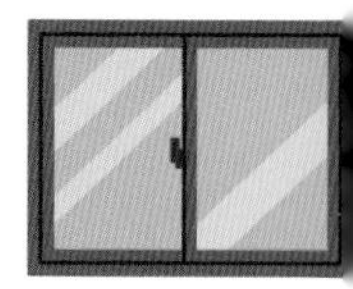

炭酸ソーダともよば
セッケンやガラスの
料として用いられる。

二酸化硫黄
SO_2

無色で刺激臭のある気体。硫黄を含む化石燃料を燃焼させると発生し，大気を汚染する。

二酸化炭素
CO_2

無色・無臭の気体。固体をドライアイスといい，物体の冷却などに用いられる。

二酸化窒素
NO_2

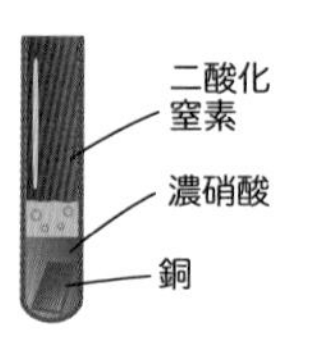

赤褐色で有毒な気体。銅と濃硝酸を反応させると生じる。水に溶けると硝酸になる。

水
H_2O

地球上に最も多く存在する物質。ヒトの体重の約60％を占める。

メタン
CH_4

無色・無臭の気体。
燃性であり，都市ガ
の主成分である。

硫黄
S

黄色の固体。火山ガスどうしが反応し，火山の噴気孔付近に析出する。

塩素
Cl_2

黄緑色で刺激臭があり，有毒な気体。酸化力があり，水道水の消毒に用いられている。

酸素
O_2

無色・無臭で，空気中で2番目に多い気体。燃焼や生物の呼吸に用いられる。

オゾン
O_3

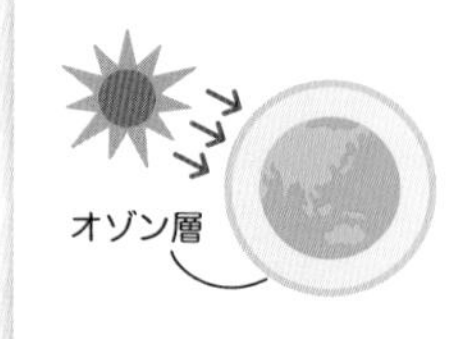

淡青色で特異臭のある気体。大気中のオゾン層は太陽からの紫外線を吸収する。

水素
H_2

無色・無臭で最も軽
気体。スペースシャト
のロケット燃料として
いられる。

高校化学基礎カラーノート

解答編

実教出版

中学の復習 (p.2)

重要事項マスター

①〜③

1 金属光沢　2 熱　3 電気　4 延性
5 展性　6 非金属　7 有機物　8 密度

④

1 上方置換　2 下方置換　3 水上置換

⑤〜⑦

1 溶質　2 溶媒　3 溶液　4 水溶液
5 溶解度　6 飽和水溶液
7 質量パーセント濃度　8 10 %

⑧〜⑩

1 状態変化　2 融点　3 沸点　4 蒸留

⑪〜⑭

1 原子　2 陽子　3 電子　4 分子
5 元素記号　6 H　7 C　8 O　9 N
10 Fe　11 Cu　12 単体　13 化合物
14 O_2　15 N_2　16 NH_3　17 FeS

⑮〜⑲

1 化学変化　2 分解　3 化学反応式　4 酸化
5 燃焼　6 還元　7 質量保存の法則

⑳〜㉔

1 イオン　2 電子　3 陽イオン　4 陰イオン
5 H^+　6 Na^+　7 Cl^-　8 OH^-　9 電離
10 酸　11 アルカリ　12 pH　13 7
14 中和

㉕

1 電池　2 一次電池　3 二次電池

1章　物質の構成

1節 物質の探究

1 純物質と混合物 (p.4)

重要事項マスター

1 物質　2 原子　3 純物質　4 混合物
5 純物質　6 混合物

Work

純物質 金　混合物 牛乳，食塩水，空気

Exercise

1 ドライアイス

解説 純物質とは，1 種類の物質だけからなるものである。

2 混合物の分離 (p.5)

重要事項マスター

1 分離　2 精製　3 ろ過　4 再結晶
5 蒸留　6 抽出　7 クロマトグラフィー
8 昇華法

Exercise

1 (1) イ　(2) ア　(3) エ　(4) ウ

解説 (1) 原油はさまざまな炭化水素が混じった混合物である。
(3) ヨウ素は，昇華しやすい物質である。
(4) コーヒー豆からカフェインなどの成分を分離している。

2 (1)A 三角フラスコ　B リービッヒ冷却器
(2) ア　(3) 水　(4) 温度計の先を枝つきフラスコのつけ根にあわせる。

解説 (1) リービッヒ冷却器は筒が二重になったガラス器具で，外側に冷却水を流し，内側を通る蒸気を冷却している。
(2) イの方向に水を流すと冷却効率が悪くなる。
(3) 海水の塩類と水を分離している。
(4) 温度計は枝つきフラスコのつけ根を通る蒸気の温度を測定している。

3 (1)

解説 (2)は蒸留，(3)はろ過，(4)は再結晶，(5)は昇華法である。

3 単体と元素 (p.8)

重要事項マスター

1 単体　2 化合物　3 元素　4 元素記号

5 同素体　6 沈殿　7 沈殿反応
8 炎色反応

Work

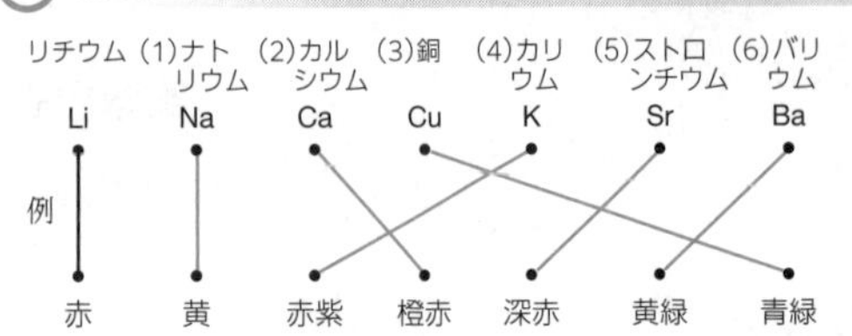

Exercise

1 単体 (1), (2), (4), (5)　化合物 (3), (6)

解説 水は，水素と酸素からなる化合物である。

2 1 H　2 C　3 窒素　4 酸素
5 Na　6 Mg　7 Al　8 硫黄
9 塩素　10 Ar　11 Ca　12 Cu
13 鉄　14 銀　15 Zn

3 (1), (3)

解説 同じ元素の単体で，性質の異なる物質を，互いに同素体であるという。同じ元素からなる化合物の場合は，同素体とはいわない。

4 (5)

解説 歯や骨にはカルシウムの化合物が含まれている。

4 状態変化と熱運動 (p.10)

重要事項マスター

1 三態　2 状態変化　3 気体　4 液体
5 固体　6 融点　7 沸点　8 熱運動
9 温度

Work

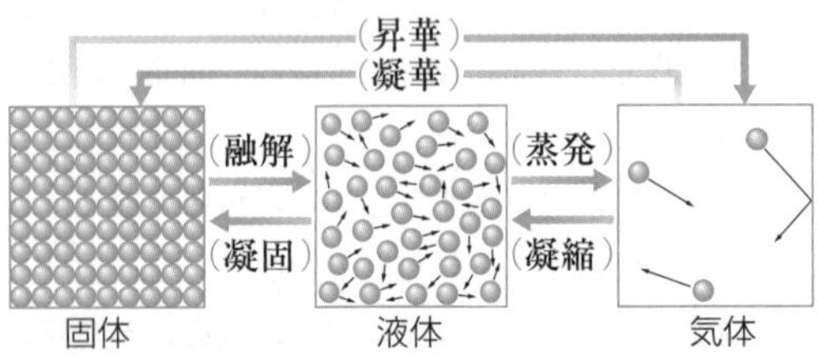

Exercise

1 (1) 蒸発　(2) 融解　(3) 凝固
(4) 昇華　(5) 凝縮

解説 (1) 洗濯物に含まれる水が蒸発して水蒸気となることで洗濯物が乾く。
(2) 温度が上がり，雪が融解して雨になる。
(3) 水が冷やされて凝固し，氷になる。
(4) 防虫剤が昇華し気体になることで，防虫している。
(5) 空気中の水蒸気が冷えたメガネの表面で凝縮して液体になるため，メガネがくもる。

2 (1) T_1 融点　T_2 沸点
(2) AB 間 イ　CD 間 エ

解説 (1) 固体が液体に状態変化する温度を融点(T_1)，液体が気体に状態変化する温度を沸点(T_2)という。
(2) 融点では固体と液体が共存し，沸点では液体と気体が共存している。

3 (3)

解説 (3) 大気圧が小さくなると沸点は低くなる。富士山頂では，水は 100 ℃以下で沸騰する。

2節 物質の構成粒子

1 原子 (p.12)

重要事項マスター

1 陽子　2 中性子　3 電子　4 電荷
5 原子番号　6 質量数　7 質量数　8 原子番号
9 同位体　10 放射性同位体　11 半減期

Work

1 原子核　2 陽子　3 中性子
4 電子　5 質量数　6 原子番号
7 陽子　8 中性子　9 陽子　10 電子

Exercise

1 (4)

解説 (4) 原子番号＝陽子の数＝電子の数である。質量数＝陽子の数＋質量数である。

2

原子	原子番号	電子の数	陽子の数	質量数	中性子の数
$^{1}_{1}H$	1: 1	2: 1	3: 1	4: 1	5: 0
$^{2}_{1}H$	6: 1	7: 1	8: 1	9: 2	10: 1
$^{35}_{17}Cl$	11: 17	12: 17	13: 17	14: 35	15: 18
$^{37}_{17}Cl$	16: 17	17: 17	18: 17	19: 37	20: 20
$^{65}_{29}Cu$	21: 29	22: 29	23: 29	24: 65	25: 36

3 (1) 1 一定である　2 減少する
(2) 17190 年

解説 (1) ^{14}C は植物が生きている間は一定であるが，枯れると ^{14}C を大気中から吸収することができなくなり減少する。
(2) ^{14}C の量が半分になる時間が半減期である。$1/8=(1/2)^3$ なので，1/8 になる時間は次のように求められる。
$5730 \times 3 = 17190$ 年

2 電子配置とイオン (p.14)

重要事項マスター

1 電子殻　2 最外殻電子　3 価電子
4 2　5 8　6 18　7 2　8 8　9 He
10 Ne　11 Ar　12 貴ガス　13 価電子
14 イオン　15 電子　16 陽イオン　17 電子
18 陰イオン　19 2 価　20 単原子イオン
21 多原子イオン

Work

図は省略，1 族 1　2 族 2　13 族 3
14 族 4　15 族 5　16 族 6　17 族 7

Exercise

1 K，L，M，最外殻(価)

2 1 $_1$H　2 $_2$He　3 $_7$N　4 $_8$O
5 $_{13}$Al　6 $_{17}$Cl

解説 電子殻に入ることのできる電子の最大数は，K 殻に 2 個，L 殻に 8 個，M 殻に 18 個である。

3 (1)，(3)

Work

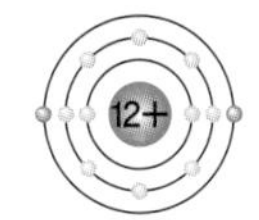

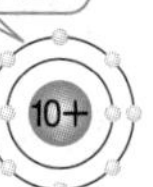

マグネシウム原子　電子　マグネシウムイオン　ネオン原子

$$Mg \longrightarrow 2e^- + Mg^{2+}$$

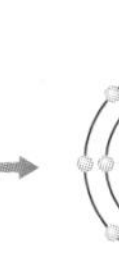

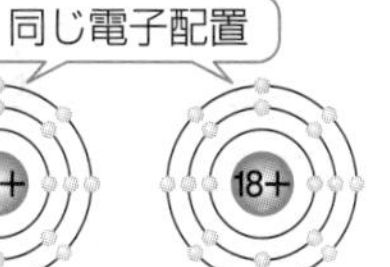

塩素原子　電子　塩化物イオン　アルゴン原子

$$Cl + e^- \longrightarrow Cl^-$$

解説 マグネシウム原子は最外殻にある 2 つの電子を放出し，陽イオン(マグネシウムイオン)となる。このときネオン原子と同じ電子配置になる。
塩素原子は最外殻に 7 つの電子をもち，さらに電子 1 つを受け取って陰イオン(塩化物イオン)となる。このときアルゴン原子と同じ電子配置となる。

4 (1) (ア) 水素　(イ) リチウム
(ウ) 炭素　(エ) フッ素
(オ) ネオン　(カ) ナトリウム
(2) (ア) 1　(イ) 1　(ウ) 4
(エ) 7　(オ) 8　(カ) 1

(3) $_{17}$Cl　$_{20}$Ca

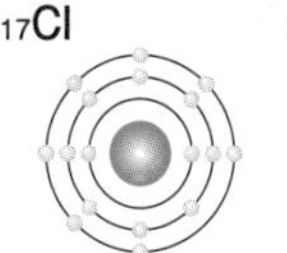

5 (1) $_{11}$Na，$_{12}$Mg　(2) $_{19}$K，$_{20}$Ca
(3) $_8$O，$_9$F　(4) $_{16}$S，$_{17}$Cl

6 ②

7 ⑤

解説 ⑤ フッ素原子は，7 個の価電子をもつ。

Work

		陽イオン	化学式		陰イオン	化学式
1価	1	カリウムイオン	K^+	9	塩化物イオン	Cl^-
	2	ナトリウムイオン	Na^+	10	水酸化物イオン	OH^-
	3	アンモニウムイオン	NH_4^+	11	硝酸イオン	NO_3^-
2価	4	カルシウムイオン	Ca^{2+}	12	酸化物イオン	O^{2-}
	5	銅(Ⅱ)イオン	Cu^{2+}	13	硫酸イオン	SO_4^{2-}
	6	鉄(Ⅱ)イオン	Fe^{2+}	14	炭酸イオン	CO_3^{2-}
3価	7	アルミニウムイオン	Al^{3+}	15	リン酸イオン	PO_4^{3-}
	8	鉄(Ⅲ)イオン	Fe^{3+}			

3 周期表 (p.18)

重要事項マスター

1 周期表　2 族　3 周期
4 イオン化エネルギー　5 金属元素
6 非金属元素　7 典型元素　8 遷移元素

Work

	1	2	13	14	15	16	17	18
1	水素 1 H							ヘリウム 2 He
2	リチウム 3 Li	ベリリウム 4 Be	ホウ素 5 B	炭素 6 C	窒素 7 N	酸素 8 O	フッ素 9 F	ネオン 10 Ne
3	ナトリウム 11 Na	マグネシウム 12 Mg	アルミニウム 13 Al	ケイ素 14 Si	リン 15 P	硫黄 16 S	塩素 17 Cl	アルゴン 18 Ar

Exercise

1 (1)

解説 (2) 17 族元素はハロゲンであり，7 個の価電子をもつため 1 価の陰イオンになりやすい。
(3) ナトリウム，アルミニウムなどの典型元素の金属もある。
(4) 18 族元素は貴ガスである。

2 イオン化エネルギー ②　価電子の数 ①

解説 イオン化エネルギーは同一周期では，アルカリ金属で最小，貴ガスで最大となる。イオン化エネルギーは②である。
貴ガスは価電子の数が0である。価電子の数は①である。

3 (1) ② (2) ③ (3) ④ (4) ①

解説 (1) 1価の陽イオンになりやすいのはアルカリ金属である。アルカリ金属のなかで炎色反応が黄色を示すのはナトリウムである。
(2) 貴ガスは18族の元素である。ヘリウムはイオン化エネルギーが最大の元素である。
(3) 黄緑色の気体は塩素である。塩化物イオンは銀イオンと反応すると塩化銀の白色沈殿を生じる。
(4) 炭素Cは黒鉛やダイヤモンドなどの同素体がある。

2章 物質と化学結合

1節 イオン結合

1 イオン結合 (p.20)

重要事項マスター

1 クーロン　2 イオン結合　3 組成式
4 価数　5 右下　6 陰　7 陽

Exercise

1

イオン	組成式	名称
Mg^{2+} と O^{2-}	1 MgO	2 酸化マグネシウム
Al^{3+} と Cl^-	3 $AlCl_3$	4 塩化アルミニウム
Na^+ と $CO_3{}^{2-}$	5 Na_2CO_3	6 炭酸ナトリウム
Ca^{2+} と OH^-	7 $Ca(OH)_2$	8 水酸化カルシウム

2

化合物	組成式
塩化カリウム	1 KCl
酸化アルミニウム	2 Al_2O_3
水酸化アルミニウム	3 $Al(OH)_3$
硫酸カルシウム	4 $CaSO_4$
塩化アンモニウム	5 NH_4Cl

解説 組成式を書くときには，陽イオンと陰イオンの電荷がそれぞれ打ち消しあうようにイオンの数を調整すること。
多原子イオン(硫酸イオン $SO_4{}^{2-}$ など)を2つ以上組み合わせて組成式を書くときには，多原子イオンを(　)でくくる。また，物質の名称を考えるには，もとの陽イオン・陰イオンの名称がわかっていることが大切である。

2 イオン結晶 (p.21)

重要事項マスター

1 高い　2 やすい　3 電離　4 通さない
5 通す　6 通す　7 電解質　8 非電解質

Exercise

1 (1) イオン結晶　(2) イオン結合
(3) 電離　(4) 電解質　(5) 非電解質

2 (1) 電離，Cu^{2+}，$SO_4{}^{2-}$
(2) 固体，液体，移動

解説 硫酸銅(Ⅱ) $CuSO_4$ のような電解質(イオン結晶)を水に溶かすと電離して，陽イオンと陰イオンに分かれてしまう。組成式の前半は陽イオンを表し，後半は陰イオンを表している。それぞれのイオンの化学式は教科書などで確認しておく。このようなイオン結晶は，水溶液にしたり，加熱して液体状態にすると，イオンが自由に動けるようになって電気伝導性を示す。

2節 共有結合

1 分子と共有結合 (p.22)

重要事項マスター

1 分子　2 共有結合
3 不対電子　4 電子対　5 分子式
6 構造式　7 原子価　8 単結合　9 1
10 二重結合　11 2　12 三重結合　13 3
14 化学式　15 共有電子対
16 非共有電子対　17 配位結合

Exercise

1

分子	電子式	構造式
H_2O	1 H:Ö:H	2 H−O−H
NH_3	3 H:N̈:H H	4 H−N−H H
CH_4	5 H H:C:H H	6 H H−C−H H
HCl	7 H:Cl:	8 H−Cl
CO_2	9 Ö::C::Ö	10 O=C=O
N_2	11 :N⋮⋮N:	12 N≡N

2 分子の極性 (p.24)

重要事項マスター

1 電気陰性度　2 強い　3 極性　4 ない
5 無極性分子　6 極性分子　7 折れ線

Exercise

1 (1)① 直線形　② 直線形　③ 三角錐形
④ 折れ線形　(2) ②

解説 極性が大きい分子の条件は
・二原子分子の場合，異なった原子どうしの組み合わせであること。
・二原子分子の場合，原子の電気陰性度の差が大きいこと。
・分子の形が対称ではなく結合の極性が打ち消されないこと。
などである。

2 (1) ○　(2) ○　(3) ×　(4) ×
(5) ○　(6) ×

解説 (1) 貴ガス原子は結合をつくりにくく単独の原子のままで分子である。そのため無極性分子である。
(2) Cl のように電気陰性度の大きい原子が２つ結合して分子になっても，同じ元素の原子は電子を引きよせる力が等しく無極性分子となる。
(3)「金属元素の原子のように，陽イオンになりやすい原子」は言い換えると電子を放出しやすい原子である。よって金属元素の電気陰性度はむしろ小さい。電気陰性度が大きい原子はハロゲンや酸素などの非金属元素の原子である。
(4) 二酸化炭素の炭素と酸素の間の結合には極性がある。しかし，二酸化炭素の分子は直線形で，結合の極性が打ち消されてしまうので，分子全体としては極性をもたない。
(5) アンモニアの分子は三角錐形なので，結合の極性が打ち消されず，分子全体としては極性をもつことになる。
(6) 四塩化炭素の分子は正四面体形なので，分子全体としては結合の極性が打ち消されて無極性分子となる。

3 ①

解説 CH_4 は C 原子と H 原子がつくる共有結合には極性がある。しかし，CH_4 は正四面体形の分子で，四つの共有結合で極性が互いに打ち消しあうので，無極性分子である。

4 ③

解説 ①電気陰性度とは，共有結合している原子が共有電子対を引きつける強さを数値で表したものである。数値が大きいほど，電子をより強く引きつけるので誤り。
②同一周期の元素の原子では，原子番号が大きい元素の原子ほど電気陰性度は大きい。よって，第２周期で最大となるのはフッ素なので誤り。
③電気陰性度は，貴ガスを除いて周期表の右上の元素の原子ほど大きく，すべての元素の原子の中でフッ素が最大である。
④同じ元素の原子は電気陰性度が等しいので，共有電子対にはかたよりが生じず，極性はない。よって誤り。
⑤ CO_2 分子の C 原子と O 原子がつくる共有結合には極性がある。しかし，CO_2 分子は直線形の分子で，二つの共有結合で極性が互いに打ち消しあう。よって，無極性分子なので誤り。

3 分子間力と分子結晶 (p.26)

重要事項マスター

1 分子間力　2 小さい　3 大きい
4 なし　5 あり　6 低い　7 高い
8 分子結晶　9 にくく　10 低い　11 昇華
12 通さない　13 通さない　14 大きい
15 水素結合　16 高く

実験

1 無極性分子　2 無極性分子　3 極性分子

解説 一般に，極性のある物質どうしまたは極性のない物質どうしは混じりやすいが，極性のある物質と極性のない物質は混じりにくい。

Work

1 H_2O　2 NH_3　3 水素結合

解説 一般に，性質や構造の似た分子の間では，分子量が大きくなるほど分子間力が大きくなり，沸点が高くなる傾向がある。しかし，分子間で水素結合が形成されると，分子間力が大きくなるため，分子量が同じくらいの他の分子と比べて，沸点がより高くなる。

Exercise

1 (1) 分子間力　(2) 水素結合　(3) 高い

解説 分子が規則正しく配列してできた分子結晶は
・融点や沸点が低く，昇華しやすいものもある。
・電気を通さない。
などの性質を示す。分子結晶は，分子が分子間力により結びついてできている。このとき，分子間に水素結合ができると沸点は高くなる。分子間に働く力が強くなるからである。

2 (1) × (2) × (3) ○

解説 (1) 一般に，分子結晶は融点が低い。

(2) 分子結晶は，極性の有無にかかわらず電気を通さない。

(3) 無極性分子の結晶には，ドライアイス CO_2 やヨウ素 I_2，ナフタレン $C_{10}H_8$ などがある。どれも昇華しやすい。

4 分子とその利用 (p.28)

重要事項マスター

1 高分子化合物　2 共有　3 モノマー（単量体）
4 ポリマー（重合体）　5 プラスチック
6 付加　7 縮合　8 有機化合物
9 無機物質

Work

1 水素　2 窒素　3 O_2　4 空気　5 空気
6 ドライアイス　7 エチレン　8 酢酸
9 CH_4　10 C_2H_5OH　11 刺激

Exercise

1 (1)① O_2　② C_2H_5OH　③ CH_3COOH
④ CO_2　(2) ②，③　(3) ④

2 (1) 高分子化合物またはポリマー（重合体）
(2) モノマー（単量体）　(3) 重合
(4) 付加重合，縮合重合（順不同）

3 (1) 低い　(2) ポリエチレン，ポリプロピレン，ポリスチレン，ポリ塩化ビニル（順不同）

解説 一般にプラスチックは熱を加えるとやわらかくなり，加工しやすい。逆に熱に弱く，強く加熱すると燃焼する。

5 共有結合の結晶 (p.30)

重要事項マスター

1 共有　2 高い　3 通さない
4 なし　5 あり

Exercise

1 (1) × (2) × (3) ○ (4) ×
(5) ○

解説 (1) ダイヤモンドは電気を通さないが，黒鉛は電気をよく通す。

(2) ダイヤモンドは炭素原子どうしが共有結合によって結合している。そのため，非常にかたい。

(3) 黒鉛は正六角形に炭素原子が結合し，その平面間が分子間力で結びついている。そのため，平面間はうすくはがれやすい。

(4) 一般に共有結合の結晶は水に溶けにくい。

(5) 共有結合の結晶を化学式で表すときは組成式で表す。そのためダイヤモンドと黒鉛は，いずれも化学式で表すと C となる。

3節 金属結合

1 金属結合と金属 (p.31)

重要事項マスター

1 自由電子　2 金属結合　3 金属結晶
4 組成式　5 通す　6 熱　7 展性
8 延性　9 金属光沢　10 可視光線
11 大きく異なる　12 低い

Exercise

1 ア 価電子　イ 自由電子　ウ 原子
エ 金属結合

解説 金属原子どうしは自由電子による金属結合によって結びついている。

2 (1) ○ (2) × (3) ○ (4) ×
(5) ○ (6) × (7) ×

解説 金属元素は種類が多く，周期表の 1 族から 16 族まで存在している。金属光沢をもち，電気や熱をよく伝える。融点はさまざまで，水銀のように常温で液体のものもある。

(5) 金属は自由電子による結合をもつため，展性・延性をもち，箔や線状に加工しやすい。

(7) 金属は可視光をよく反射し金属光沢をもつ。このため一般に銀色に見えるが，可視光の一部を吸収するため金や銅は特有の色である。

2 金属の利用 (p.33)

重要事項マスター

1 多い　2 電気　3 熱(2，3 順不同)
4 銀　5 合金　6 酸素や水　7 めっき

Work

1 ステンレス鋼　2 黄銅(しんちゅう)
3 青銅(ブロンズ)　4 ジュラルミン

解説 金属どうしを溶かし合わせて合金にすると，もとの金属とは異なる新しい性質が出てくることがある。さびない鉄としてステンレス鋼は広く用いられている。黄銅はしんちゅう(ブラス)ともいい，青銅(ブロンズ)と並んで銅合金の代表的なものである。ジュラルミンのおかげで軽くて強い金属材料が手に入るようになり，航空機の大型化に貢献した。

Exercise

1 (1) × (2) × (3) ○ (4) ○

解説 金属の性質として，金属光沢，展性・延性，電気伝導性などがあげられる。これは金属の原子が金属結合をしているためである。金属の融点は高いもの(タングステンなど)から低いもの(水銀など)までいろいろあり，水銀は室温でも液体の金属である。ただし，金属は，空気中の酸素で酸化されてさびやすいものが多い。そこでめっきや塗装によってこれを防いでいる。金属の製錬(鉱石から金属を取り出す作業)には多くのエネルギーが必要なので，積極的にリサイクルが進められている。

3 粒子の結合と結晶 (p.34)

重要事項マスター

1 イオン結合　2 分子間力　3 共有結合
4 金属結合　5 塩化ナトリウム，塩化カルシウム
6 ドライアイス，氷
7 ダイヤモンド，二酸化ケイ素
8 鉄，アルミニウム

解説 イオン結晶の代表例としては塩化ナトリウム(食塩)があげられる。塩化カルシウムは融雪剤やグラウンドの改質剤，または除湿剤(押し入れなどの防湿)として利用されている。分子結晶の身近な例としてドライアイス(二酸化炭素の結晶)と氷(物質としては水)がある。しかし，氷は分子結晶の中では「水素結合」をもつタイプなので，一般的な分子結晶とは少々性質が異なる(油に溶けにくく，沸点・融点が高めである)。共有結合の結晶の例はあまり多くないが，ダイヤモンドはその代表にふさわしい性質をもっている。二酸化ケイ素の結晶は水晶(石英)として有名である。金属結晶には多数の例がある。特に鉄とアルミニウムはその生産量が多い。

Exercise

1 (1) (オ) (ケ) (シ)　(2) (ウ) (ク) (コ)
(3) (イ) (エ) (カ)　(4) (ア) (キ) (サ)

解説 イオン結晶の多くは金属元素の陽イオンと非金属元素の陰イオンからなる物質である。ナトリウムは銀色のやわらかい金属であり，反応しやすく陽イオンに変化しやすい。ナトリウムイオンと区別するため金属ナトリウムということもある。ヨウ素は昇華しやすい固体であり分子結晶である。黒鉛はやわらかく電気伝導性をもつので他の共有結合の結晶とは性質が異なる。

2

	A	B	C
(1)	(イ)	(ウ)	(エ)
(2)	(ウ)	(ア)	(ア)
(3)	(ア)	(イ)	(ウ)
(4)	(エ)	(エ)	(イ)

解説 分子結晶を構成する分子そのものは原子どうしが共有結合してできている。しかし，分子どうしの間には弱い力(分子間力)が働いているだけである。共有結合の結晶と分子結晶の性質の違いは，分子間力と共有結合の性質の違いによる。

3 ②

解説 ①塩素 Cl 原子 2 個が共有結合してできているので，正しい。
②窒素 N 原子 1 個と，水素 H 原子 3 個が共有結合してできている。配位結合とは，一方の原子が非共有電子対を提供してできる特別な共有結合のことなので，この場合は誤り。
③銅 Cu 原子が金属結合してできるので，正しい。
④ナトリウムイオン Na^+ と，塩化物イオン Cl^- がイオン結合してできるので，正しい。
⑤カルシウムイオン Ca^{2+} と，炭酸イオン CO_3^{2-} がイオン結合してできる。炭酸イオン CO_3^{2-} は，炭素 C 原子と酸素 O 原子が共有結合してできる。よって，正しい。

3章 物質の変化

1節 物質量と化学反応式

1 原子量・分子量・式量 (p.36)

重要事項マスター

1 12　2 1　3 16　4 同位体　5 原子量
6 98.93　7 1.07　8 原子量

Work

	1	2	13	14	15	16	17	18
1	H [1]1.0							He [2]4.0
2	Li 7.0	Be 9.0	B 11	C [3]12	N [4]14	O [5]16	F 19	Ne 20
3	Na [6]23	Mg [7]24	Al [8]27	Si 28	P 31	S [9]32	Cl [10]35.5	Ar 40
4	K 39	Ca [11]40						

Exercise

1 24

解説 ^{12}C を基準とし，質量を 12 とすると，この原子の相対質量は 12 の 2 倍である。

2

$$Bの原子量 = 10 \times \frac{20}{100} + 11 \times \frac{80}{100}$$

解説

$$Bの原子量 = {}^{10}Bの相対質量 \times \frac{{}^{10}Bの存在比}{100} + {}^{11}Bの相対質量 \times \frac{{}^{11}Bの存在比}{100}$$

3 69.8

解説

$$69 \times \frac{60}{100} + 71 \times \frac{40}{100} = 69.8$$

$$Gaの原子量 = {}^{69}Gaの相対質量 \times \frac{{}^{69}Gaの存在比}{100} + {}^{71}Gaの相対質量 \times \frac{{}^{71}Gaの存在比}{100}$$

4

物質名	分子式	分子量
水素	1 H_2	2 2.0
3 窒素	4 N_2	28
酸素	5 O_2	6 32
7 ヘリウム	He	8 4.0
アンモニア	9 NH_3	10 17
11 硫酸	H_2SO_4	12 98
メタン	CH_4	13 16
プロパン	C_3H_8	14 44

解説 分子量はそれぞれ次のように計算する。

水素 H_2：$1.0 \times 2 = 2.0$

窒素 N_2：$14 \times 2 = 28$

酸素 O_2：$16 \times 2 = 32$

ヘリウム He：$4.0 \times 1 = 4.0$

アンモニア NH_3：$14 \times 1 + 1.0 \times 3 = 17$

硫酸 H_2SO_4：$1.0 \times 2 + 32 \times 1 + 16 \times 4 = 98$

メタン CH_4：$12 \times 1 + 1.0 \times 4 = 16$

プロパン C_3H_8：$12 \times 3 + 1.0 \times 8 = 44$

5

物質名	分子式	分子量
二酸化炭素	1 CO_2	2 44
3 塩素	Cl_2	4 71
塩化水素	5 HCl	6 36.5
エタノール	C_2H_6O	7 46
グルコース	$C_6H_{12}O_6$	8 180

解説 分子量はそれぞれ次のように計算する。

二酸化炭素 CO_2：$12 \times 1 + 16 \times 2 = 44$

塩素 Cl_2：$35.5 \times 2 = 71$

塩化水素 HCl：$1.0 \times 1 + 35.5 \times 1 = 36.5$

エタノール C_2H_6O：$12 \times 2 + 1.0 \times 6 + 16 \times 1 = 46$

グルコース $C_6H_{12}O_6$：$12 \times 6 + 1.0 \times 12 + 16 \times 6 = 180$

6 浮かぶ

解説 メタンの分子量は 16 で，空気の平均分子量 29 よりも小さいため空気中で浮かぶ。同温・同圧では，気体分子 1 mol あたりの体積は，物質に関係なく一定なので，気体分子の分子量の大小は，密度の大小と等しい。

7 沈む

解説 プロパンの分子量は 44 で，空気の平均分子量 29 よりも大きいため空気中で沈む。

8

物質名	組成式	式量
塩化ナトリウム	1 NaCl	2 58.5
3 水酸化ナトリウム	NaOH	4 40
炭酸カルシウム	5 $CaCO_3$	6 100
7 硝酸銀	$AgNO_3$	8 170

解説 式量はそれぞれ次のように計算する。

塩化ナトリウム NaCl：$23 \times 1 + 35.5 \times 1 = 58.5$

水酸化ナトリウム NaOH：

$23 \times 1 + 16 \times 1 + 1.0 \times 1 = 40$

炭酸カルシウム $CaCO_3$：

$40 \times 1 + 12 \times 1 + 16 \times 3 = 100$

硝酸銀 $AgNO_3$：$108 \times 1 + 14 \times 1 + 16 \times 3 = 170$

9

物質名	組成式	式量
塩化カルシウム	1 $CaCl_2$	2 111
3 炭酸ナトリウム	Na_2CO_3	4 106
酸化鉄(Ⅲ)	5 Fe_2O_3	6 160
7 硫酸アンモニウム	$(NH_4)_2SO_4$	8 132

解説 式量はそれぞれ次のように計算する。

塩化カルシウム $CaCl_2$：$40 \times 1 + 35.5 \times 2 = 111$

炭酸ナトリウム Na_2CO_3：

$23 \times 2 + 12 \times 1 + 16 \times 3 = 106$

酸化鉄(Ⅲ)：$56 \times 2 + 16 \times 3 = 160$

硫酸アンモニウム $(NH_4)_2SO_4$：

$(14 \times 1 + 1.0 \times 4) \times 2 + 32 \times 1 + 16 \times 4 = 132$

10 27

解説 酸化アルミニウムの組成式は Al_2O_3 なので，アルミニウム Al の原子量を x とすると，酸化アルミニウムの式量に関して次式が成り立つ。

$x \times 2 + 16 \times 3 = 102 \qquad x = 27$

11 24

解説 マグネシウム Mg の原子量を x とすると，酸化マグネシウム MgO 中の Mg の質量パーセントに関して次式が成り立つ。

$$\frac{x}{x+16} \times 100 = 60 \qquad x = 24$$

2 物質量 (p.40)

重要事項マスター

1 物質量　2 モル　3 mol
4 アボガドロ定数　5 モル質量　6 12
7 18　8 27　9 58.5　10 アボガドロ
11 22.4　12 割る　13 かける

Exercise

1 (1) 3.0×10^{23} 個　(2) 3.0×10^{23} 個
(3) 1.8×10^{23} 個　(4) 5.4×10^{23} 個
(5) 3.6×10^{23} 個

解説　1 mol の物質に含まれる粒子の数は，物質の種類によらず 6.0×10^{23} 個である。

B粒子の数＝物質量〔mol〕× 6.0×10^{23}/mol

(1) $0.50\,\text{mol} \times 6.0 \times 10^{23}/\text{mol} = 3.0 \times 10^{23}$

(2) $0.50\,\text{mol} \times 6.0 \times 10^{23}/\text{mol} = 3.0 \times 10^{23}$

(3) $0.30\,\text{mol} \times 6.0 \times 10^{23}/\text{mol} = 1.8 \times 10^{23}$

(4) アンモニア NH_3 分子 1 個あたり水素 H 原子は 3 個含まれている。

$0.30\,\text{mol} \times 3 \times 6.0 \times 10^{23}/\text{mol} = 5.4 \times 10^{23}$

(5) エタン C_2H_6 分子 1 個あたり水素 H 原子は 6 個含まれている。

$0.10\,\text{mol} \times 6 \times 6.0 \times 10^{23}/\text{mol} = 3.6 \times 10^{23}$

2 (1) 2.0 mol　(2) 0.10 mol
(3) 0.50 mol

解説　1 mol の物質に含まれる粒子の数は，物質の種類によらず 6.0×10^{23} 個である。

A物質量〔mol〕＝ $\dfrac{\text{粒子の数}}{6.0 \times 10^{23}/\text{mol}}$

(1) $\dfrac{1.2 \times 10^{24}}{6.0 \times 10^{23}/\text{mol}} = 2.0\,\text{mol}$

(2) $\dfrac{6.0 \times 10^{22}}{6.0 \times 10^{23}/\text{mol}} = 0.10\,\text{mol}$

(3) $\dfrac{3.0 \times 10^{23}}{6.0 \times 10^{23}/\text{mol}} = 0.50\,\text{mol}$

3 (1) 33.6 L　(2) 11.2 L

解説　標準状態では，気体 1 mol あたりの体積は，気体の種類に関係なく 22.4 L/mol である。

F気体の体積〔L〕＝物質量〔mol〕× 22.4 L/mol

(1) $1.50\,\text{mol} \times 22.4\,\text{L/mol} = 33.6\,\text{L}$

(2) $0.500\,\text{mol} \times 22.4\,\text{L/mol} = 11.2\,\text{L}$

4 (1) 0.500 mol　(2) 0.150 mol

解説　標準状態では，気体 1 mol あたりの体積は，気体の種類に関係なく 22.4 L/mol である。

E物質量〔mol〕＝ $\dfrac{\text{気体の体積〔L〕}}{22.4\,\text{L/mol}}$

(1) $\dfrac{11.2\,\text{L}}{22.4\,\text{L/mol}} = 0.500\,\text{mol}$

(2) $\dfrac{3.36\,\text{L}}{22.4\,\text{L/mol}} = 0.150\,\text{mol}$

5 (1) 84 g　(2) 36 g　(3) 27 g
(4) 75 g　(5) 48 g

解説　D質量〔g〕＝物質量〔mol〕×モル質量〔g/mol〕

(1) $1.5\,\text{mol} \times 56\,\text{g/mol} = 84\,\text{g}$

(2) $3.0\,\text{mol} \times 12\,\text{g/mol} = 36\,\text{g}$

(3) $1.5\,\text{mol} \times 18\,\text{g/mol} = 27\,\text{g}$

(4) 一酸化窒素 NO の分子量は

$14 + 16 = 30$

$2.5\,\text{mol} \times 30\,\text{g/mol} = 75\,\text{g}$

(5) 炭酸カルシウム $CaCO_3$ の式量は

$40 + 12 + 16 \times 3 = 100$

$0.48\,\text{mol} \times 100\,\text{g/mol} = 48\,\text{g}$

6 (1) 0.15 mol　(2) 0.15 mol
(3) 0.15 mol　(4) 0.15 mol　(5) 0.15 mol

解説　C物質量〔mol〕＝ $\dfrac{\text{質量〔g〕}}{\text{モル質量〔g/mol〕}}$

(1) $\dfrac{8.4\,\text{g}}{56\,\text{g/mol}} = 0.15\,\text{mol}$

(2) $\dfrac{1.8\,\text{g}}{12\,\text{g/mol}} = 0.15\,\text{mol}$

(3) $\dfrac{2.7\,\text{g}}{18\,\text{g/mol}} = 0.15\,\text{mol}$

(4) 一酸化窒素 NO の分子量は

$14 + 16 = 30$

$\dfrac{4.5\,\text{g}}{30\,\text{g/mol}} = 0.15\,\text{mol}$

(5) 炭酸カルシウム $CaCO_3$ の式量は

$40 + 12 + 16 \times 3 = 100$

$\dfrac{15\,\text{g}}{100\,\text{g/mol}} = 0.15\,\text{mol}$

7 (1) 5.6 L　(2) 6.7 L

解説　標準状態では，気体 1 mol あたりの体積は，気体の種類に関係なく 22.4 L/mol である。

A物質量〔mol〕＝ $\dfrac{\text{粒子の数}}{6.0 \times 10^{23}/\text{mol}}$

F気体の体積〔L〕＝物質量〔mol〕× 22.4 L/mol

(1) $\dfrac{1.5 \times 10^{23}}{6.0 \times 10^{23}/\text{mol}} = 0.25\ \text{mol}$

$0.25\ \text{mol} \times 22.4\ \text{L/mol} = 5.6\ \text{L}$

(2) $\dfrac{1.8 \times 10^{23}}{6.0 \times 10^{23}/\text{mol}} = 0.30\ \text{mol}$

$0.30\ \text{mol} \times 22.4\ \text{L/mol} = 6.72\ \text{L}$

有効数字2桁なので，6.7 L になる。

8 (1) **3.0×10^{23} 個**　(2) **9.0×10^{22} 個**

解説 標準状態では，気体1 mol あたりの体積は，気体の種類に関係なく 22.4 L/mol である。

E 物質量〔mol〕＝ $\dfrac{\text{気体の体積〔L〕}}{22.4\ \text{L/mol}}$

B 粒子の数＝物質量〔mol〕× 6.0×10^{23}/mol

(1) $\dfrac{11.2\ \text{L}}{22.4\ \text{L/mol}} = 0.500\ \text{mol}$

$0.500\ \text{mol} \times 6.0 \times 10^{23}/\text{mol} = 3.0 \times 10^{23}$

(2) $\dfrac{3.36\ \text{L}}{22.4\ \text{L/mol}} = 0.150\ \text{mol}$

$0.150\ \text{mol} \times 6.0 \times 10^{23}/\text{mol} = 9.0 \times 10^{22}$

9 (1) **14 g**　(2) **7.5 g**

解説 A 物質量〔mol〕＝ $\dfrac{\text{粒子の数}}{6.0 \times 10^{23}/\text{mol}}$

D 質量〔g〕＝物質量〔mol〕×モル質量〔g/mol〕

(1) $\dfrac{3.0 \times 10^{23}}{6.0 \times 10^{23}/\text{mol}} = 0.50\ \text{mol}$

$0.50\ \text{mol} \times 28\ \text{g/mol} = 14\ \text{g}$

(2) エタン C_2H_6 の分子量は

$12 \times 2 + 1.0 \times 6 = 30$

$\dfrac{1.5 \times 10^{23}}{6.0 \times 10^{23}/\text{mol}} = 0.25\ \text{mol}$

$0.25\ \text{mol} \times 30\ \text{g/mol} = 7.5\ \text{g}$

10 (1) **3.0×10^{23} 個**　(2) **9.0×10^{22} 個**

解説 C 物質量〔mol〕＝ $\dfrac{\text{質量〔g〕}}{\text{モル質量〔g/mol〕}}$

B 粒子の数＝物質量〔mol〕× 6.0×10^{23}/mol

(1) $\dfrac{28\ \text{g}}{56\ \text{g/mol}} = 0.50\ \text{mol}$

$0.50\ \text{mol} \times 6.0 \times 10^{23}/\text{mol} = 3.0 \times 10^{23}$

(2) 水 H_2O の分子量は $1.0 \times 2 + 16 = 18$

$\dfrac{2.7\ \text{g}}{18\ \text{g/mol}} = 0.15\ \text{mol}$

$0.15\ \text{mol} \times 6.0 \times 10^{23}/\text{mol} = 9.0 \times 10^{22}$

11 (1) **16 g**　(2) **7.0 g**

解説 標準状態では，気体1 mol あたりの体積は，気体の種類に関係なく 22.4 L/mol である。

E 物質量〔mol〕＝ $\dfrac{\text{気体の体積〔L〕}}{22.4\ \text{L/mol}}$

D 質量〔g〕＝物質量〔mol〕×モル質量〔g/mol〕

(1) $\dfrac{11.2\ \text{L}}{22.4\ \text{L/mol}} = 0.500\ \text{mol}$

$0.500\ \text{mol} \times 32\ \text{g/mol} = 16\ \text{g}$

(2) 一酸化炭素 CO の分子量は $12 + 16 = 28$

$\dfrac{5.60\ \text{L}}{22.4\ \text{L/mol}} = 0.250\ \text{mol}$

$0.250\ \text{mol} \times 28\ \text{g/mol} = 7.0\ \text{g}$

12 (1) **11.2 L**　(2) **11.2 L**

解説 標準状態では，気体1 mol あたりの体積は，気体の種類に関係なく 22.4 L/mol である。

C 物質量〔mol〕＝ $\dfrac{\text{質量〔g〕}}{\text{モル質量〔g/mol〕}}$

F 気体の体積〔L〕＝物質量〔mol〕× 22.4 L/mol

(1) $\dfrac{22.0\ \text{g}}{44\ \text{g/mol}} = 0.500\ \text{mol}$

$0.500\ \text{mol} \times 22.4\ \text{L/mol} = 11.2\ \text{L}$

(2) $\dfrac{14.0\ \text{g}}{28\ \text{g/mol}} = 0.500\ \text{mol}$

$0.500\ \text{mol} \times 22.4\ \text{L/mol} = 11.2\ \text{L}$

13 (1) **1.2×10^{23} 個**　(2) **2.4×10^{23} 個**

解説 (1) 1個の塩化ナトリウム NaCl には，1個の塩化物イオン Cl^- が含まれているから，

$0.20\ \text{mol} \times 6.0 \times 10^{23}/\text{mol} \times 1 = 1.2 \times 10^{23}$

(2) 1個の塩化カルシウム $CaCl_2$ には，2個の塩化物イオン Cl^- が含まれているから，

$0.20\ \text{mol} \times 6.0 \times 10^{23}/\text{mol} \times 2 = 2.4 \times 10^{23}$

14 (1) **1.2×10^{24} 個**　(2) **11.2 L**

解説 (1) 1円硬貨54枚は質量54 g のアルミニウムに相当する。アルミニウム Al のモル質量は 27 g/mol なので，このアルミニウムの物質量は

$\dfrac{54\ \text{g}}{27\ \text{g/mol}} = 2.0\ \text{mol}$　となる。

この物質量の原子の数は

$2.0\ \text{mol} \times 6.0 \times 10^{23}/\text{mol} = 1.2 \times 10^{24}$

(2) 二酸化炭素 CO_2 のモル質量は 44 g/mol なので，質量 22.0 g のドライアイス(二酸化炭素)の物質量は

$\dfrac{22.0\ \text{g}}{44\ \text{g/mol}} = 0.500\ \text{mol}$　となる。

この物質量の気体の体積は

$0.500\ \text{mol} \times 22.4\ \text{L/mol} = 11.2\ \text{L}$

15 ③

解説 1.0カラットは0.20 g，ダイヤモンドの組成式はC。ダイヤモンドのモル質量は12 g/molである。

C 物質量〔mol〕$= \dfrac{\text{質量〔g〕}}{\text{モル質量〔g/mol〕}}$ より

$$\frac{0.20\ \text{g}}{12\ \text{g/mol}} = 0.0166\cdots\ \text{mol}$$
$$\fallingdotseq 0.017\ \text{mol}$$

16 ①

解説 1 molの物質に含まれる粒子の数は，物質の種類によらず6.0×10^{23}個である。
物質量〔mol〕が大きい分子ほど粒子の数が多い。ここでは質量は1 gで一定であり，物質量〔mol〕はモル質量〔g/mol〕に反比例する。

C 物質量〔mol〕$= \dfrac{\text{質量〔g〕}}{\text{モル質量〔g/mol〕}}$

① 水H_2Oの分子量は$1.0 \times 2 + 16 = 18$

$$\frac{1\ \text{g}}{18\ \text{g/mol}} = \frac{1}{18}\ \text{mol}$$

これ以上計算せず，分子を1として分母を比較する。
② 窒素N_2の分子量は$14 \times 2 = 28$

$$\frac{1\ \text{g}}{28\ \text{g/mol}} = \frac{1}{28}\ \text{mol}$$

③ エタンC_2H_6の分子量は$12 \times 2 + 1.0 \times 6 = 30$

$$\frac{1\ \text{g}}{30\ \text{g/mol}} = \frac{1}{30}\ \text{mol}$$

④ ネオンNeは貴ガスなので，単原子分子で分子量は20

$$\frac{1\ \text{g}}{20\ \text{g/mol}} = \frac{1}{20}\ \text{mol}$$

⑤ 酸素O_2の分子量は$16 \times 2 = 32$

$$\frac{1\ \text{g}}{32\ \text{g/mol}} = \frac{1}{32}\ \text{mol}$$

⑥ 塩素Cl_2の分子量は$35.5 \times 2 = 71$

$$\frac{1\ \text{g}}{71\ \text{g/mol}} = \frac{1}{71}\ \text{mol}$$

モル質量が小さいものほど物質量が大きくなるので，物質量が最も大きい水の分子の数が最も多い。

17 ②

解説 標準状態では，気体1 molあたりの体積は，気体の種類に関係なく22.4 L/molである。
物質量〔mol〕が大きい分子ほど体積が大きい。ここでは質量は1 gで一定であり，物質量〔mol〕はモル質量〔g/mol〕に反比例する。

C 物質量〔mol〕$= \dfrac{\text{質量〔g〕}}{\text{モル質量〔g/mol〕}}$

① 酸素O_2の分子量は$16 \times 2 = 32$

$$\frac{1\ \text{g}}{32\ \text{g/mol}} = \frac{1}{32}\ \text{mol}$$

これ以上計算せず，分子を1として分母を比較する。
② メタンCH_4の分子量は$12 + 1.0 \times 4 = 16$

$$\frac{1\ \text{g}}{16\ \text{g/mol}} = \frac{1}{16}\ \text{mol}$$

③ 一酸化窒素NOの分子量は$14 + 16 = 30$

$$\frac{1\ \text{g}}{30\ \text{g/mol}} = \frac{1}{30}\ \text{mol}$$

④ 硫化水素H_2Sの分子量は$1.0 \times 2 + 32 = 34$

$$\frac{1\ \text{g}}{34\ \text{g/mol}} = \frac{1}{34}\ \text{mol}$$

モル質量が小さいものほど物質量が大きくなるので，物質量が最も大きいメタンの体積が最も大きい。

18 ⑤

解説 標準状態における気体の体積は，気体の種類に関係なく，物質量に比例する。つまり，物質量が最も大きいものを選べばよい。

① $\dfrac{20\ \text{L}}{22.4\ \text{L/mol}} \fallingdotseq 0.89\ \text{mol}$

② $\dfrac{2.0\ \text{g}}{2.0\ \text{g/mol}} = 1.0\ \text{mol}$

③ $\dfrac{88\ \text{g}}{44\ \text{g/mol}} = 2.0\ \text{mol}$

④ $\dfrac{28\ \text{g}}{28\ \text{g/mol}} + \dfrac{5.6\ \text{L}}{22.4\ \text{L/mol}} \fallingdotseq 1.3\ \text{mol}$

⑤ 2.5 mol

3 濃度 (p.46)

重要事項マスター

1 質量　2 質量　3 物質量

Exercise

1 20 %

解説 溶液の質量〔g〕＝溶質の質量〔g〕＋溶媒の質量〔g〕である。

$$\text{質量パーセント濃度〔\%〕} = \frac{\text{溶質の質量〔g〕}}{\text{溶液の質量〔g〕}} \times 100 = \frac{25\ \text{g}}{100\ \text{g} + 25\ \text{g}} \times 100 = 20$$

よって，20 %

2 (1) 0.10 mol/L　(2) 6.0 mol/L
(3) 0.0010 mol

解説

(1) $\dfrac{0.10\text{ mol}}{1.0\text{ L}} = 0.10\text{ mol/L}$

(2) $\dfrac{1.5\text{ mol}}{\dfrac{250}{1000}\text{ L}} = 6.0\text{ mol/L}$

(3) $0.10\text{ mol/L} \times \dfrac{10}{1000}\text{ L} = 0.0010\text{ mol}$

3 (1) **0.10 mol/L** (2) **4.2 g**

解説 (1)水酸化ナトリウム NaOH のモル質量は 40 g/mol なので，質量 2.0 g の水酸化ナトリウムの物質量は

$$物質量〔mol〕= \frac{質量〔g〕}{モル質量〔g/mol〕}$$

$$= \frac{2.0\text{ g}}{40\text{ g/mol}} = 0.050\text{ mol}$$

この物質量の溶質を溶媒の水に溶かして溶液の体積を 500 mL にしたから

$$\frac{0.050\text{ mol}}{\dfrac{500}{1000}\text{ L}} = 0.10\text{ mol/L}$$

(2)0.70 mol/L の食酢 100 mL 中に溶けている酢酸の物質量は

$$0.70\text{ mol/L} \times \frac{100}{1000}\text{ L} = 0.070\text{ mol}$$

酢酸 $C_2H_4O_2$ のモル質量は 60 g/mol なので，質量は

$0.070\text{ mol} \times 60\text{ g/mol} = 4.2\text{ g}$

4 ③

解説 水酸化ナトリウム NaOH のモル質量は 40 g/mol なので，質量 4.0 g の水酸化ナトリウムの物質量は

$$物質量〔mol〕= \frac{質量〔g〕}{モル質量〔g/mol〕}$$

$$= \frac{4.0\text{ g}}{40\text{ g/mol}} = 0.10\text{ mol}$$

5 ③

解説 ブドウ糖の質量パーセント濃度 5.0 %水溶液は 100 g の水溶液に 5.0 g のブドウ糖が含まれる。

$$物質量〔mol〕= \frac{質量〔g〕}{モル質量〔g/mol〕}$$

100 g の水溶液は，密度が 1.0 g/cm^3 より 100 mL。1000 mL = 1 L に含まれるブドウ糖は

$$5.0\text{ g} \times \frac{1000\text{ mL}}{100\text{ mL}} = 50\text{ g}$$

50 g のブドウ糖の物質量〔mol〕は

$$\frac{50\text{ g}}{180\text{ g/mol}} = 0.277\cdots\text{ mol}$$

$$≒ 0.28\text{ mol}$$

これが 1 L の溶液に含まれるので，モル濃度は 0.28 mol/L となる。

4 化学変化と化学反応式 (p.48)

重要事項マスター

1 化学変化　2 化学式　3 化学反応式
4 左　5 右　6 →　7 ＋　8 係数
9 イオン反応式

Exercise

1 (1) $? \text{ Al} + ? \text{ O}_2 \longrightarrow [1]\ Al_2O_3$

$[2]\ Al + ?\ O_2 \longrightarrow [1]\ Al_2O_3$

$[2]\ Al + \dfrac{[3]}{[2]}\ O_2 \longrightarrow [1]\ Al_2O_3$

$4Al + 3O_2 \longrightarrow 2Al_2O_3$

(2) $[1]\ C_3H_8 + ?\ O_2 \longrightarrow ?\ CO_2 + ?\ H_2O$

$[1]\ C_3H_8 + ?\ O_2 \longrightarrow [3]\ CO_2 + ?\ H_2O$

$[1]\ C_3H_8 + ?\ O_2 \longrightarrow [3]\ CO_2 + [4]\ H_2O$

$[1]\ C_3H_8 + [5]\ O_2 \longrightarrow [3]\ CO_2 + [4]\ H_2O$

$C_3H_8 + 5O_2 \longrightarrow 3CO_2 + 4H_2O$

(3) $[1]\ SO_2 + ?\ H_2S \longrightarrow ?\ H_2O + ?\ S$

$[1]\ SO_2 + ?\ H_2S \longrightarrow [2]\ H_2O + ?\ S$

$[1]\ SO_2 + [2]\ H_2S \longrightarrow [2]\ H_2O + ?\ S$

$[1]\ SO_2 + [2]\ H_2S \longrightarrow [2]\ H_2O + [3]\ S$

$SO_2 + 2H_2S \longrightarrow 2H_2O + 3S$

2 (1) $2KClO_3 \longrightarrow 2KCl + 3O_2$
(2) $Mg + 2HCl \longrightarrow MgCl_2 + H_2$
(3) $C_2H_6O + 3O_2 \longrightarrow 2CO_2 + 3H_2O$
(4) $C_2H_4 + 3O_2 \longrightarrow 2CO_2 + 2H_2O$

3 (1) $2H_2O \longrightarrow 2H_2 + O_2$
(2) $2AgNO_3 + Zn \longrightarrow Zn(NO_3)_2 + 2Ag$
(3) $Ba + 2H_2O \longrightarrow Ba(OH)_2 + H_2$

4 (1) ア 1　イ 1　ウ 1
(2) ア 1　イ 2　ウ 1
(3) ア 1　イ 2　ウ 1　エ 1
(4) ア 2　イ 1　ウ 1　エ 2

5 (1) $Mg + 2H^+ \longrightarrow Mg^{2+} + H_2$

(2) $2Ag^{+} + Zn \longrightarrow Zn^{2+} + 2Ag$

解説 (1) $Mg + 2HCl \longrightarrow MgCl_2 + H_2$

上記の式の左右に共通するイオン Cl^- を消去する。

(2) $2AgNO_3 + Zn \longrightarrow Zn(NO_3)_2 + 2Ag$

上記の式の左右に共通するイオン NO_3^- を消去する。

Work

1 1　2 $\frac{8}{3}$　3 1　4 $\frac{2}{3}$　5 $\frac{4}{3}$

6 3　7 8　8 3　9 2　10 4

5 化学反応式と量的関係 (p.52)

重要事項マスター

1 係数

Work

1 1　2 2　3 1　4 2　5 1

6 $2 \times 6.0 \times 10^{23}$　7 $1 \times 6.0 \times 10^{23}$

8 $2 \times 6.0 \times 10^{23}$　9 1　10 2　11 1

12 2　13 1　14 2　15 1　16 2

17 1　18 2　19 1

Exercise

1 ア 1　イ 2　ウ 2　エ 4

オ 1　カ 2　キ 3　ク 6

2 1 $1 \times 6.0 \times 10^{23}$　2 $2 \times 6.0 \times 10^{23}$

3 3　4 2　5 1×28　6 2×17

7 3　8 2　9 3　10 2

3 (1) 1.0 mol　(2) 2.0 mol

(3) 0.50 mol　(4) 1.0 mol

解説 化学反応式の係数の比は反応にかかわる物質の物質量の比と同じなので，それぞれの物質の物質量の比を考える。

(1) 反応するナトリウム：発生する水素＝2：1

(2) 反応するナトリウム：生成する水酸化ナトリウム＝2：2＝1：1

(3) 反応するナトリウム：発生する水素＝2：1

(4) 反応するナトリウム：生成する水酸化ナトリウム＝2：2＝1：1

4 ア 2　イ 2　ウ 24　エ 0.15

オ 0.075　カ 22.4　キ 1.7

5 ア 3　イ 0.500　ウ 1.50　エ 66

解説 (1) 化学反応式を書くと次のようになる。

$$C_3H_8 + 5O_2 \longrightarrow 3CO_2 + 4H_2O$$

(2) 与えられた量を物質量で表す。与えられた量は標準状態における C_3H_8 の体積 11.2 L である。標準状態では気体 1 mol あたりの体積は気体の種類に関係なく 22.4 L/mol だから，体積が 11.2 L の C_3H_8 の物質量は次のようになる。

$$\frac{11.2\ \text{L}}{22.4\ \text{L/mol}} = 0.500\ \text{mol}$$

(3) 化学反応式の係数の比＝物質量の比の関係を使い，二酸化炭素の量を物質量で表す。C_3H_8 と CO_2 の係数の比から，1 mol の C_3H_8 の完全燃焼で 3 mol の CO_2 が生成する。よって，(2) で求めた 0.500 mol の C_3H_8 の完全燃焼で生成する CO_2 の物質量は

$$3 \times 0.500\ \text{mol} = 1.50\ \text{mol}$$

(4) 二酸化炭素の物質量を指定された単位の量にする。(3) で求めた 1.50 mol の CO_2 の質量が何 g になるかを計算する。CO_2 の分子量は $12 + 16 \times 2 = 44$ なので，モル質量は 44 g/mol である。

$$1.50\ \text{mol} \times 44\ \text{g/mol} = 66\ \text{g}$$

6 (1)① 1.0 mol　② 1.5 mol

(2)① 15 L　② 25 L　(3) 22 g

解説

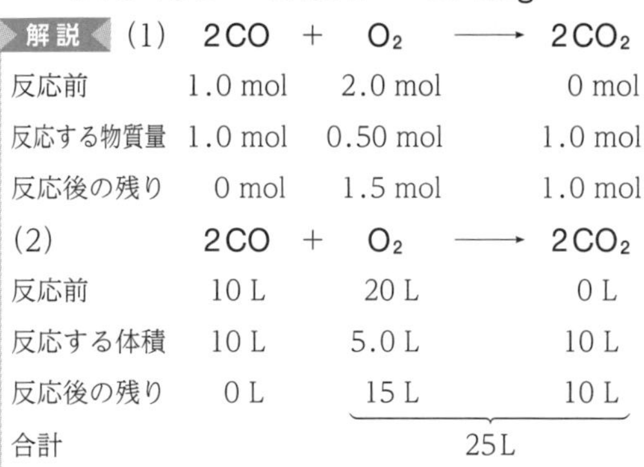

(1)	$2CO$	+	O_2	$\longrightarrow$	$2CO_2$
反応前	1.0 mol		2.0 mol		0 mol
反応する物質量	1.0 mol		0.50 mol		1.0 mol
反応後の残り	0 mol		1.5 mol		1.0 mol

(2)	$2CO$	+	O_2	$\longrightarrow$	$2CO_2$
反応前	10 L		20 L		0 L
反応する体積	10 L		5.0 L		10 L
反応後の残り	0 L		15 L		10 L
合計			25 L		

(3)

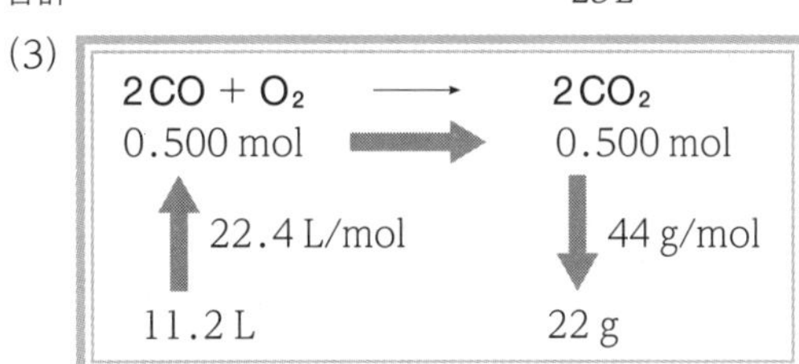

7

(1) $CaCO_3 + 2HCl \longrightarrow CaCl_2 + H_2O + CO_2$

(2) 1.1 g　(3) 0.050 mol　(4) 25 mL

解説

(2)

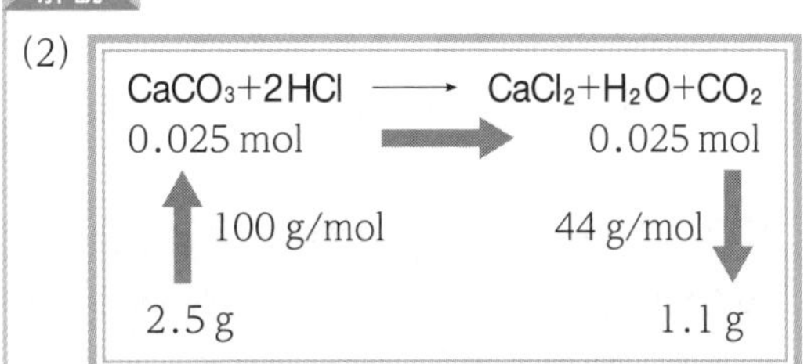

(3) 化学反応式の係数比は反応にかかわる物質の物質量比と同じなので，反応する炭酸カルシウム

$CaCO_3$ と塩化水素 HCl の物質量比は，1：2。炭酸カルシウム $CaCO_3$ 2.5 g は，0.025 mol なので，反応する塩化水素 HCl は 0.050 mol である。

(4) $\frac{0.050\ \text{mol}}{2.0\ \text{mol/L}} = 0.025$ L なので，25 mL

8 ①

解説

$$C_3H_8 + 5O_2 \longrightarrow 3CO_2 + 4H_2O$$

1 mol　*a* mol　*b* mol　*c* mol

化学反応式の係数の比は物質量の比と同じなので，$a = 5$，$b = 3$，$c = 4$ となる。

9 ③

解説　化学反応式の係数の比＝物質量の比より

$$2Na + 2H_2O \longrightarrow 2NaOH + H_2$$

2 mol　　　　　1 mol

Na 2 mol が反応すると H_2 1 mol が発生する。

Na 2 mol の質量は

$2\ \text{mol} \times 23\ \text{g/mol} = 46\ \text{g}$

だから，反応した Na の質量が 46 g のとき，発生した水素の物質量は 1 mol になる。

反応したナトリウム 0.40 g のとき発生した水素は

$\frac{0.40\ \text{g}}{46\ \text{g}} \times 1\ \text{mol} \fallingdotseq 0.0087\ \text{mol}$

なので，グラフから最も近いものは③である。

10 ②

解説

$\boxed{?} + \boxed{}O_2 \longrightarrow \boxed{}CO_2 + \boxed{}H_2O$

CO2: 0.025 mol　H2O: 0.050 mol

0.80 g　1.1 g　0.90 g

$\text{物質量[mol]} = \frac{\text{質量[g]}}{\text{モル質量[g/mol]}}$

二酸化炭素 CO_2 1.1 g の物質量は

$\frac{1.1\ \text{g}}{44\ \text{g/mol}} = 0.025\ \text{mol}$

水 H_2O 0.90 g の物質量は

$\frac{0.90\ \text{g}}{18\ \text{g/mol}} = 0.050\ \text{mol}$

二酸化炭素と水の物質量の比は

$CO_2 : H_2O = 0.025\ \text{mol} : 0.050\ \text{mol}$
$= 1 : 2$

$\boxed{?} + \boxed{}O_2 \longrightarrow \boxed{1}CO_2 + \boxed{2}H_2O$

ある有機化合物に含まれる炭素原子と水素原子の数の比は係数と分子式から

炭素原子の数：水素原子の数 ＝ 1：2 × 2
＝ 1：4

よって①か②となる。

① CH_4 の分子量は $12 + 1.0 \times 4 = 16$

0.80 g は，$\frac{0.80\ \text{g}}{16\ \text{g/mol}} = 0.050\ \text{mol}$　となる。

② CH_3OH の分子量は $12 + 1.0 \times 4 + 16 = 32$

0.80 g は，$\frac{0.80\ \text{g}}{32\ \text{g/mol}} = 0.025\ \text{mol}$　となる。

②では，物質量の比＝係数の比より

$\boxed{1}CH_3OH + \boxed{}O_2 \longrightarrow \boxed{1}CO_2 + \boxed{2}H_2O$

0.025 mol　　0.025 mol　0.050 mol

となり，C と H の原子の数が一致する。①では

$\boxed{2}CH_4 + \boxed{}O_2 \longrightarrow \boxed{1}CO_2 + \boxed{2}H_2O$

0.050 mol　　0.025 mol　0.050 mol

となり，原子の数が左辺と右辺であわなくなる。

〈別解〉

燃焼により 1.1 g の二酸化炭素が生じたことから，ある有機化合物 0.80 g に含まれる炭素の質量は

$1.1\ \text{g} \times \frac{\text{C の原子量}}{CO_2\ \text{の分子量}}$

$= 1.1\ \text{g} \times \frac{12}{44} = 0.30\ \text{g}$

同じく，含まれる水素の質量は

$0.90\ \text{g} \times \frac{\text{H の原子量} \times 2}{H_2O\ \text{の分子量}}$

$= 0.90\ \text{g} \times \frac{2.0}{18} = 0.10\ \text{g}$

含まれる酸素の質量は

0.80 g −(炭素の質量＋水素の質量)
＝ 0.80 g −(0.30 g ＋ 0.10 g)
＝ 0.40 g

ある有機化合物の原子数の比は

$C : H : O = \frac{0.30\ \text{g}}{12} : \frac{0.10\ \text{g}}{1.0} : \frac{0.40\ \text{g}}{16}$

$= \frac{1}{4} : 1 : \frac{1}{4}$

$= 1 : 4 : 1$

よって組成式は CH_4O となる。

つまりある有機化合物は②である。

2節 酸と塩基

1 酸と塩基

(p.58)

重要事項マスター

1 酸　2 青　3 赤　4 金属　5 水素
6 酸　7 酸　8 赤　9 青　10 塩基

11 水　12 水素　13 H^+　14 H^+
15 H^+　16 水酸化物　17 OH^-　18 OH^-
19 OH^-　20 与え　21 受け取

Exercise

1 (1) 酸性　(2) 塩基性　(3) 塩基性
(4) 酸性　(5) 酸性

解説 (1) 塩化水素 HCl の水溶液を塩酸という。水溶液中では $HCl \longrightarrow H^+ + Cl^-$ のように電離して H^+ を生じる。
(2) アンモニア NH_3 は水溶液中で一部が水と反応し

$$NH_3 + H_2O \rightleftarrows NH_4^+ + OH^-$$

のように電離して OH^- を生じる。
(3) 水酸化カルシウム $Ca(OH)_2$ は水溶液中で

$$Ca(OH)_2 \longrightarrow Ca^{2+} + 2OH^-$$

のように電離して OH^- を生じる。
(4) 酢酸 CH_3COOH は水溶液中で一部が

$$CH_3COOH \rightleftarrows CH_3COO^- + H^+$$

のように電離して H^+ を生じる。
(5) 硫酸 H_2SO_4 は水溶液中で

$$H_2SO_4 \longrightarrow 2H^+ + SO_4^{2-}$$

のように電離して H^+ を生じる。

2 1 赤　2 赤　3 青　4 青

解説 リトマス紙に酸性の水溶液をつけると青色が赤色に，塩基性の水溶液をつけると赤色が青色に変化する。

3 (1) H_2　(2) H_2

解説 亜鉛以外に，鉄，アルミニウム，スズなどの金属も酸と反応すると水素を発生する。

4 (1) H^+，酸　(2) OH^-，塩基
(3) H^+，酸　(4) OH^-，塩基

解説 アレニウスの定義では，酸とは水溶液中で H^+ を生じる物質，塩基とは水溶液中で OH^- を生じる物質である。

5 (1) 酸　(2) 酸

解説 (1) アンモニア NH_3 と塩化水素 HCl の反応は気体どうしの反応である。アンモニア NH_3 と塩化水素 HCl の反応は H^+ のやり取りがあるのでブレンステッド・ローリーの定義から，酸と塩基の反応である。NH_4Cl を NH_4^+ と Cl^- に分けて考えると，H^+ を与えている HCl は酸であり，H^+ を受け取っている NH_3 は塩基である。
(2) この反応では，水 H_2O がアンモニア NH_3 に H^+ を与えたと考えることができる。ブレンステッド・ローリーの定義から，H^+ を与えている H_2O は酸である。

2 酸・塩基の価数と強弱 (p.60)

重要事項マスター

1 価数　2 1　3 2　4 1　5 2
6 1　7 電離　8 電離度　9 1
10 水素イオン　11 強　12 強酸　13 0
14 水素イオン　15 弱　16 弱酸

Exercise

1 1 HCl，HNO_3　2 CH_3COOH
3 H_2SO_4　4 H_2CO_3

解説 水溶液中では，それぞれ次のように電離している。

$$H_2CO_3 \rightleftarrows 2H^+ + CO_3^{2-}$$
$$HCl \longrightarrow H^+ + Cl^-$$
$$HNO_3 \longrightarrow H^+ + NO_3^-$$
$$CH_3COOH \rightleftarrows CH_3COO^- + H^+$$
$$H_2SO_4 \longrightarrow 2H^+ + SO_4^{2-}$$

2 1 NaOH，KOH　2 NH_3
3 $Ca(OH)_2$

解説 水溶液中では，それぞれ次のように電離している。

$$NaOH \longrightarrow Na^+ + OH^-$$
$$KOH \longrightarrow K^+ + OH^-$$
$$NH_3 + H_2O \rightleftarrows NH_4^+ + OH^-$$
$$Ca(OH)_2 \longrightarrow Ca^{2+} + 2OH^-$$

3 ア 電離度　イ 電離度　ウ 大き
エ 水素　オ 強酸　カ 電離度
キ 小さ　ク 水素　ケ 弱酸
コ 電離度　サ 大き　シ 水酸化物
ス 強塩基　セ 電離度　ソ 小さ
タ 水酸化物　チ 弱塩基

解説 価数と強酸，弱酸は関連しない。

4 H^+ のモル濃度 0.1
Cl^- のモル濃度 0.1

解説 塩化水素は電離度が 1 なので水溶液中では

$$HCl \longrightarrow H^+ + Cl^-$$

となり，完全に電離している。塩化水素の水溶液を塩酸という。0.1 mol の HCl を水に溶かし，1 L としたということから塩酸のモル濃度が 0.1 mol/L であることがわかる。また，1 分子の HCl が電離すると H^+ と Cl^- がそれぞれ 1 個ずつ生じる。

5 (1) 1　(2) 1.3×10^{-3}
(3) 1.3×10^{-2}

解説 (1) $CH_3COOH \rightleftarrows CH_3COO^- + H^+$
酢酸は弱酸であり，水溶液中では一部が上のように

電離する。CH_3COOH 1分子が電離すると H^+ が1個生じる。
(2) 水溶液の体積が1.0Lであり，電離して生じた水素イオン H^+ が 1.3×10^{-3} mol なので，そのモル濃度は 1.3×10^{-3} mol/L となる。
(3) 電離度 $\alpha = \dfrac{\text{電離した電解質の物質量}}{\text{溶解した電解質の物質量}}$

$$= \frac{1.3\times10^{-3}\,\text{mol}}{0.10\,\text{mol}}$$

$$= 1.3\times10^{-2}$$

電離度には単位をつけない。

3 水素イオン濃度とpH (p.62)

重要事項マスター

1 水素　2 水酸化物　3 水素
4 水酸化物　5 積　6 水のイオン積
7 水素イオン指数　8 酸　9 中
10 塩基　11 大きく　12 小さく
13 pH指示薬　14 無　15 赤
16 変色域

Exercise

1 (1) 1　(2) 0.01　(3) 0.3
(4) 0.001　(5) 0.002

解説 (1) 塩酸は強酸であり，水溶液中で

$HCl \longrightarrow H^+ + Cl^-$

のように完全に電離しているので，溶解した HCl の物質量と電離により生じる H^+ の物質量は等しい。
(2) 硝酸は強酸であり，水溶液中で

$HNO_3 \longrightarrow H^+ + NO_3^-$

のように完全に電離しているので，溶解した HNO_3 の物質量と電離により生じる H^+ の物質量は等しい。
(3) 水酸化ナトリウムは強塩基なので水溶液中では

$NaOH \longrightarrow Na^+ + OH^-$

のように完全に電離しているので，溶解した NaOH の物質量と電離により生じる OH^- の物質量は等しい。
(4) 酢酸は弱酸なので水溶液中では一部が

$CH_3COOH \rightleftarrows CH_3COO^- + H^+$

のように電離する。
0.1 mol/L の酢酸水溶液1Lをつくるのに必要な酢酸の物質量は0.1 mol。
　酢酸水溶液中の H^+ の物質量
＝(酢酸の物質量)×(電離度)
＝0.1 mol × 0.01 ＝ 0.001 mol
(5) アンモニアは水溶液中では一部が

$NH_3 + H_2O \rightleftarrows NH_4^+ + OH^-$

のように電離する。
0.2 mol/L のアンモニア水溶液1Lをつくるのに必要なアンモニアの物質量は0.2 mol。
　アンモニア水溶液中の OH^- の物質量
＝(アンモニアの物質量)×(電離度)
＝0.2 mol × 0.01 ＝ 0.002 mol

2 1 10^{-2}　2 10^{-10}　3 10^{-6}　4 10^{-5}
5 10^{-11}

解説 水のイオン積 $[H^+][OH^-] = 1.0\times10^{-14}$ $(mol/L)^2$ から計算して求める。
$[OH^-] = 10^{-12}$ mol/L のときは，$[H^+]$ は以下のように計算できる。

$$[H^+] = \frac{1.0\times10^{-14}(mol/L)^2}{[OH^-]}$$

$$= \frac{1.0\times10^{-14}(mol/L)^2}{1.0\times10^{-12}\,mol/L}$$

$$= 1.0\times10^{-2}\,mol/L$$

3 (1) 4，酸性　(2) 6，酸性
(3) 7，中性　(4) 9，塩基性
(5) 10，塩基性

解説 $[H^+] = 1.0\times10^{-n}$ mol/L のとき pH $= n$

酸性　中性　塩基性
pH < 7　pH = 7　pH > 7

4 (1) 0.1　(2) 0.1(1×10^{-1})
(3) pH = 1

解説 (1) 塩酸は塩化水素の水溶液。塩化水素は

$HCl \longrightarrow H^+ + Cl^-$

のようにほぼ完全に電離しているので(HClの物質量)＝(H^+ の物質量)である。
(2) $[H^+]$ は H^+ のモル濃度で1L中の水溶液に含まれる H^+ の物質量となる。0.1 mol/L ＝ 1×10^{-1} mol/L である。
(3) $[H^+] = 1\times10^{-n}$ mol/L のとき pH $= n$

5 (1) 0.002(2×10^{-3})
(2) 0.001(1×10^{-3})　(3) pH = 3

解説 (1) 酢酸は弱酸なので一部が

$CH_3COOH \rightleftarrows CH_3COO^- + H^+$

のように電離している。電離度＝0.01 より
H^+ の物質量＝(CH_3COOH の物質量)×(電離度)
＝0.2 mol × 0.01
＝0.002 mol
＝2×10^{-3} mol
(2) $[H^+]$ は H^+ のモル濃度で1L中の水溶液に含まれる H^+ の物質量となる。(1)より，水溶液の体積

が1Lのとき，含まれるH^+は0.001 molである。
(3) $[H^+] = 1 \times 10^{-n}$ mol/Lのとき$pH = n$
$[H^+] = 1 \times 10^{-3}$ mol/L
なので$pH = 3$である。

6 (1) 0.05(5×10^{-2})　(2) 0.1(1×10^{-1})
(3) 1×10^{-13}　(4) pH = 13

解説 (1) NaOHは強塩基であり，ほとんどが
$NaOH \longrightarrow Na^+ + OH^-$のように電離している。
よって，(OH^-の物質量) = 0.05 mol
$= 5 \times 10^{-2}$ mol
(2) $[OH^-]$はOH^-のモル濃度なので1Lあたりの物質量となる。(1)では500 mLに含まれる物質量なのでここでは1L中の物質量に換算する。

$$0.05\ \text{mol} \times \frac{1000\ \text{mL}}{500\ \text{mL}} = 0.1\ \text{mol}$$

よって，$[OH^-] = 0.1$ mol/Lまたは1×10^{-1} mol/L
(3) 水のイオン積より

$$[H^+] = \frac{1.0 \times 10^{-14}(\text{mol/L})^2}{[OH^-]}$$
$$= \frac{1.0 \times 10^{-14}(\text{mol/L})^2}{0.1\ \text{mol/L}}$$
$$= 1 \times 10^{-13}\ \text{mol/L}$$

(4) (3)より，$[H^+] = 1 \times 10^{-13}$ mol/Lより$pH = 13$

7 (1) 0.0005(5×10^{-4})
(2) 0.001(1×10^{-3})　(3) 1×10^{-11}
(4) pH = 11

解説 アンモニアは弱塩基であり溶液中では水との反応によりOH^-がわずかに生じる。

$$NH_3 + H_2O \rightleftarrows NH_4^+ + OH^-$$

(1) アンモニアと水の反応で生じるOH^-は
(アンモニアの物質量)×(電離度)
$= 0.05$mol $\times 0.01$
$= 0.0005$mol　または　5×10^{-4} mol
(2) アンモニア水溶液の$[OH^-]$は，(1)で500 mLあたりの物質量がわかっているので，これを1L = 1000 mLあたりに換算する。

$$0.0005\ \text{mol} \times \frac{1000\ \text{mL}}{500\ \text{mL}}$$

$= 0.001$ molまたは1×10^{-3} mol
よって，$[OH^-] = 0.001$ mol/Lまたは1×10^{-3} mol/L
(3) 水のイオン積より

$$[H^+] = \frac{1.0 \times 10^{-14}(\text{mol/L})^2}{[OH^-]}$$
$$= \frac{1.0 \times 10^{-14}(\text{mol/L})^2}{0.001\ \text{mol/L}}$$
$$= 1 \times 10^{-11}\ \text{mol/L}$$

(4) (3)より，$[H^+] = 1 \times 10^{-11}$ mol/Lより$pH = 11$

8 (5) < (1) < (3) < (4) < (2)

解説 (1) 塩酸は塩化水素HClの水溶液，HClは1価の強酸である。
(2) 水酸化ナトリウムNaOHは1価の強塩基である。
(3) 酢酸CH_3COOHは1価の弱酸である。
(4) アンモニアNH_3は1価の弱塩基である。
(5) 硫酸H_2SO_4は2価の強酸である。
同じ濃度のとき$[H^+]$が大きい順に並べると
(5)<(1)<(3)<(4)<(2)
である。pHは$[H^+]$が大きいほど小さい。

9 (1) 10倍　(2) 1000倍

解説 (1) pHが1小さいときの$[H^+]$を比較する。
たとえば，$pH = 1$と$pH = 2$を比べると
$pH = 1$では$[H^+] = 1 \times 10^{-1}$ mol/L
$pH = 2$では$[H^+] = 1 \times 10^{-2}$ mol/L

$$\text{よって，}\frac{1 \times 10^{-1}\ \text{mol/L}}{1 \times 10^{-2}\ \text{mol/L}} = 10$$

(2) pHが3小さいときの$[H^+]$を比較する。
たとえば，$pH = 2$と$pH = 5$を比べると
$pH = 2$では，$[H^+] = 1 \times 10^{-2}$ mol/L
$pH = 5$では，$[H^+] = 1 \times 10^{-5}$ mol/L

$$\text{よって，}\frac{1 \times 10^{-2}\ \text{mol/L}}{1 \times 10^{-5}\ \text{mol/L}} = 1000$$

10 ⑦

解説 0.020 mol/Lの水酸化ナトリウム水溶液50 mLを純水で希釈して100 mLにする(2倍にうすめる)と，水酸化ナトリウム水溶液の濃度は$\frac{1}{2}$になる。

$$0.020\ \text{mol/L} \times \frac{1}{2} = 0.010\ \text{mol/L}$$

水酸化ナトリウムNaOHは，1価の強塩基だから水溶液中で次のように電離して，水酸化物イオンOH^-を生じる。

$$NaOH \longrightarrow Na^+ + OH^-$$

この水溶液の水酸化物イオン濃度$[OH^-]$は，0.010 mol/Lである。ここで水のイオン積
$[H^+][OH^-] = 1.0 \times 10^{-14}$より
水素イオン濃度$[H^+]$は，次のようになる。

$$[H^+] = \frac{1.0 \times 10^{-14}(\text{mol/L})^2}{0.010\ \text{mol/L}}$$
$$= 1.0 \times 10^{-12}\ \text{mol/L}$$

$[H^+] = 1.0 \times 10^{-n}$ mol/Lで$pH = n$より$pH = 12$

4 中和反応の量的関係 (p.66)

重要事項マスター

1 中和　2 酸　3 塩基　4 塩
5 H^+　6 OH^-　7 中和点　8 H^+
9 OH^-

Exercise

1 (1) $NaCl + H_2O$　(2) $KCl + H_2O$
(3) NH_4Cl　(4) $CH_3COONa + H_2O$
(5) CH_3COONH_4

解説 (1)

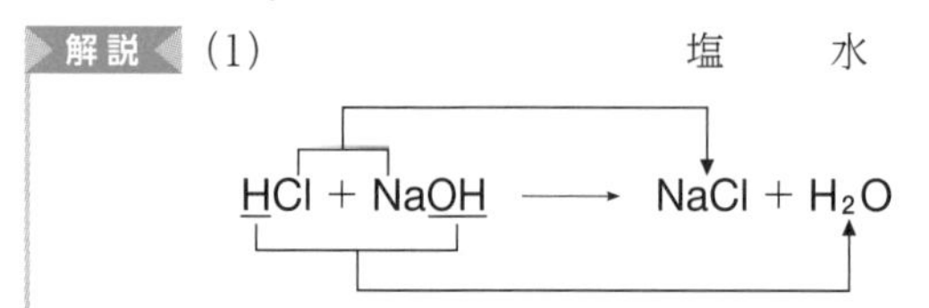

結合の組み合わせが入れ替わる反応である。

(3)

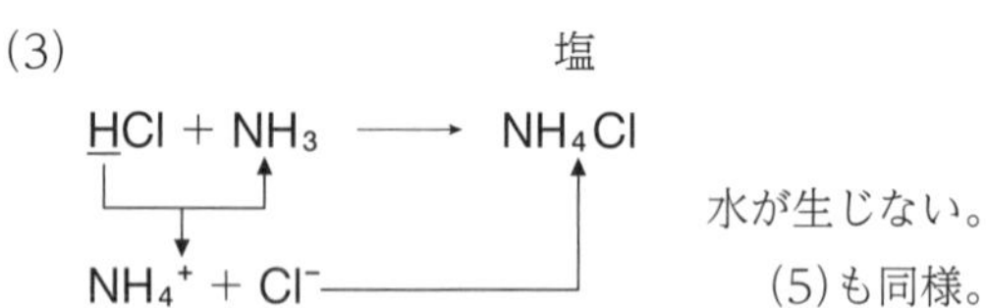

水が生じない。
(5)も同様。

2 1 $NaCl$　2 $NaNO_3$
3 CH_3COONa　4 KCl　5 KNO_3
6 CH_3COOK　7 NH_4Cl
8 NH_4NO_3　9 CH_3COONH_4

解説 中和反応では，酸の陰イオンと塩基の陽イオンが結合して塩が生成する。

3 (1) 1　(2) 0.1　(3) 0.05

解説 酸から生じる H^+ の物質量と，塩基から生じる OH^- の物質量が等しくなるようにする。
(1) 塩酸 HCl は 1 価なので 1 mol の塩酸からは H^+ が 1 mol 生じる。水酸化ナトリウム NaOH は 1 価の塩基なので OH^- 1 mol を生じさせる NaOH は 1 mol となる。
(2) 塩酸 HCl は 1 価なので 1 mol の塩酸からは H^+ が 1 mol 生じる。アンモニア NH_3 は 1 価の塩基なので OH^- 1 mol を生じさせる NH_3 は 1 mol となる。アンモニアは弱塩基であるが，中和反応では酸・塩基の強弱は考える必要がない。
(3) 酢酸 CH_3COOH は 1 価の酸である。酢酸は弱酸なので，電離により生じる H^+ が少ないが，中和反応で H^+ が消費されると新たに酢酸分子が電離して H^+ を生じる。この反応は酢酸がなくなるまで続くので，中和に必要な OH^- の物質量は，同じ濃度であれば塩酸も酢酸も同じである。よって 0.05 mol の酢酸を中和するのに必要な 1 価の塩基である水酸化ナトリウムの物質量は 0.05 mol となる。

5 中和滴定 (p.68)

重要事項マスター

1 中和滴定　2 滴定曲線　3 pH 指示薬
4 メチルオレンジ　5 フェノールフタレイン
6 メチルオレンジ　7 フェノールフタレイン
8 メチルオレンジ　9 フェノールフタレイン
10 フェノールフタレイン　11 メチルオレンジ

Reference

1 ホールピペット　2 メスフラスコ
3 ビュレット

Exercise

1 (1) $CH_3COOH + NaOH$
$\longrightarrow CH_3COONa + H_2O$
(2) 酢酸 1 価　水酸化ナトリウム 1 価
(3) $\dfrac{10}{1000}$, 0.10, $\dfrac{8.0}{1000}$　(4) 0.080

解説 (3)，(4)酸を a 価，c[mol/L]，V[L]
塩基を b 価，c'[mol/L]，V'[L]とすると
$acV = bc'V'$ が成り立つ。

酢酸　CH_3COOH	水酸化ナトリウム NaOH
a　1 価	b　1 価
c　c[mol/L]	c'　0.10 mol/L
V　$\dfrac{10}{1000}$ L	V'　$\dfrac{8.0}{1000}$ L

$$acV = bc'V'$$

$$1 \times c\,[\text{mol/L}] \times \frac{10}{1000}\,\text{L}$$

$$= 1 \times 0.10\,\text{mol/L} \times \frac{8.0}{1000}\,\text{L}$$

$$c = 0.080\,\text{mol/L}$$

2 (1) 0.50, $\dfrac{10}{1000}$, $\dfrac{9.0}{1000}$　(2) 1.1

解説

シュウ酸　$H_2C_2O_4$	水酸化ナトリウム NaOH
a　2 価	b　1 価
c　0.50 mol/L	c'　c'[mol/L]
V　$\dfrac{10}{1000}$ L	V'　$\dfrac{9.0}{1000}$ L

$$H_2C_2O_4 + 2NaOH \longrightarrow Na_2C_2O_4 + 2H_2O$$

$$acV = bc'V'$$

$$2 \times 0.50\,\text{mol/L} \times \frac{10}{1000}\,\text{L}$$

$$= 1 \times c'\,[\text{mol/L}] \times \frac{9.0}{1000}\,\text{L}$$

$$c' \fallingdotseq 1.1\,\text{mol/L}$$

3 (1) 0.15　(2) 0.14

(3) 25　(4) 4.0

解説

(1)

塩酸　HCl	水酸化ナトリウム NaOH
a　1価	b　1価
c　c[mol/L]	c'　0.10 mol/L
V　$\frac{10}{1000}$ L	V'　$\frac{15}{1000}$ L

$acV = bc'V'$

$$1 \times c[\text{mol/L}] \times \frac{10}{1000}\,\text{L} = 1 \times 0.10\,\text{mol/L} \times \frac{15}{1000}\,\text{L}$$

$c = 0.15$ mol/L

(2)

硝酸　HNO_3	水酸化ナトリウム NaOH
a　1価	b　1価
c　c[mol/L]	c'　0.20 mol/L
V　$\frac{10}{1000}$ L	V'　$\frac{7.0}{1000}$ L

$acV = bc'V'$

$$1 \times c[\text{mol/L}] \times \frac{10}{1000}\,\text{L} = 1 \times 0.20\,\text{mol/L} \times \frac{7.0}{1000}\,\text{L}$$

$c = 0.14$ mol/L

(3)

塩酸　HCl	アンモニア　NH_3
a　1価	b　1価
c　0.50 mol/L	c'　0.40 mol/L
V　$\frac{20}{1000}$ L	V'　V'[L]

$acV = bc'V'$

$$1 \times 0.50\,\text{mol/L} \times \frac{20}{1000}\,\text{L} = 1 \times 0.40\,\text{mol/L} \times V'\,[\text{L}]$$

$V' = \frac{25}{1000}$ L　　よって，25 mL

(4)

硫酸　H_2SO_4	水酸化ナトリウム NaOH
a　2価	b　1価
c　0.10 mol/L	固体　x [g]
V　$\frac{500}{1000}$ L	モル質量　40 g/mol

酸からの H^+ の物質量と塩基からの OH^- の物質量が等しくなるようにする。

$$acV = b \times \frac{x}{\text{モル質量}}$$

$$x = \frac{acV \times \text{モル質量}}{b} = \frac{2 \times 0.10\,\text{mol/L} \times \frac{500}{1000}\,\text{L} \times 40\,\text{g/mol}}{1} = 4.0\,\text{g}$$

4 ①

解説 メスフラスコは，液体を一定体積にするための器具である。ビーカーやメスシリンダー，三角フラスコなどと比べて，正確な体積とすることができる。

5 (1) ③　(2) ④

解説 (1) 操作2では，ホールピペットでBを10.0 mLとり，コニカルビーカーに移した。ここでは，B 10.0 mLの酢酸水溶液中に含まれる酢酸の物質量が重要である。内部をBで洗ってしまうと，ホールピペットで取ったものよりも多い酢酸が含まれてしまうことになる。

(2) 水溶液Bの濃度を求める。

うすめた酢酸	水酸化ナトリウム
a　1価	b　1価
c　c[mol/L]	c'　0.110 mol/L
V　$\frac{10.0}{1000}$ L	V'　$\frac{7.50}{1000}$ L

$acV = bc'V'$

$$c = \frac{bc'V'}{aV} = \frac{1 \times 0.110\,\text{mol/L} \times \frac{7.50}{1000}\,\text{L}}{1 \times \frac{10.0}{1000}\,\text{L}} = 0.0825$$

操作1で酢酸水溶液Aを10倍にうすめて水溶液Bとしたので，Aの濃度はBの濃度の10倍である。

6 (1) (イ)　(2) メチルオレンジ

解説 (1) グラフより，中和点が酸性側にかたよっていることがわかる。よって，強酸と弱塩基の組み合わせによる中和滴定であることがわかる。

(2) グラフでは中和点でのpHが4～5の間なのでpH指示薬はメチルオレンジを使用する。

7 (1) ①　(2) ②

解説 (1) 滴定曲線の始点がpH3付近，終点がpH13付近であり，中和点のpHが9付近(塩基性)であることがわかる。

(2) メチルオレンジの変色域はpH3.1～4.4，フェノールフタレインの変色域はpH8.0～9.8である。メチルオレンジは，中和点に達する前に変色するので利用できない。

6 塩 (p.74)

重要事項マスター

1 酸性　2 正　3 塩基性　4 塩
5 中　6 酸　7 塩基　8 弱酸
9 弱塩基

Exercise

1 (1) 正塩　(2) 塩基性塩　(3) 酸性塩
(4) 正塩　(5) 酸性塩

解説 化学式に酸のHを含む塩を酸性塩，塩基のOHを含む塩を塩基性塩とよぶ。また，化学式に酸のHも塩基のOHも含まない塩を正塩とよぶ。

2 1 CH_3COOH　2 弱　3 NaOH
4 強　5 HCl　6 強　7 NH_3
8 弱　9 中　10 塩基　11 酸

解説 中和点であってもpH＝7となるとは限らないということに注意する。

強酸・強塩基の塩…中性
強酸・弱塩基の塩…酸性
弱酸・強塩基の塩…塩基性

3 ②

解説 ア CH_3COONa　酢酸 CH_3COOH（弱酸）と水酸化ナトリウムNaOH（強塩基）が中和してできた塩なので，水溶液は塩基性。
イ NH_4Cl　塩酸HCl（強酸）とアンモニア NH_3（弱塩基）が中和してできた塩なので，水溶液は酸性。
ウ NaCl　塩酸HCl（強酸）と水酸化ナトリウムNaOH（強塩基）が中和してできた塩なので，水溶液は中性。

4 (2)

解説 (2) NaClはHCl（強酸）とNaOH（強塩基）の塩である。弱酸の塩ではないので，弱酸の遊離は起こらない。

3節 酸化還元反応

1 酸化と還元 (p.76)

重要事項マスター

1 失う　2 受け取る　3 失う　4 受け取る
5 酸化　6 還元　7 酸化　8 還元

Work

1 酸化　2 還元　3 Mg　4 CO_2
5 酸化　6 還元　7 H_2S　8 I_2

Reference

1 酸化　2 還元

Exercise

1 1 酸化　2 還元　3 CO　4 Fe_2O_3
5 酸化　6 還元　7 H_2S　8 Cl_2

解説 (1)では，酸素を受け取ったCOが酸化された物質である。また，酸素を失った Fe_2O_3 が還元された物質である。
(2)では，水素を失った H_2S が酸化された物質である。また，水素を受け取った Cl_2 が還元された物質である。

2 1 Cu^{2+}　2 Cl^-　3 e^-
ア 酸化　イ 還元

解説 $Cu + Cl_2 \longrightarrow CuCl_2$
反応式中の化合物 $CuCl_2$ をイオンに分ける。
$Cu + Cl_2 \longrightarrow Cu^{2+} + 2Cl^-$
この反応式をもとに，銅と塩素それぞれについて，電子 e^- を含むイオン反応式を書くと，次のようになる。
$Cu \longrightarrow Cu^{2+} + 2e^-$
$Cl_2 + 2e^- \longrightarrow 2Cl^-$
Cuは電子 e^- を失っているので酸化されている。
Cl_2 は電子 e^- を受け取っているので還元されている。

3 酸化された物質 KI　還元された物質 Cl_2

解説 $2KI + Cl_2 \longrightarrow 2KCl + I_2$
反応式中の化合物KIとKClをイオンに分ける。
$2K^+ + 2I^- + Cl_2 \longrightarrow 2K^+ + 2Cl^- + I_2$
両辺にある $2K^+$ は変化していないイオンだから消す。
$\cancel{2K^+} + 2I^- + Cl_2 \longrightarrow \cancel{2K^+} + 2Cl^- + I_2$
$2I^- + Cl_2 \longrightarrow 2Cl^- + I_2$
この反応式をもとに，ヨウ素と塩素それぞれについて，電子 e^- を含むイオン反応式を書くと，次のようになる。
$2I^- \longrightarrow I_2 + 2e^-$
$Cl_2 + 2e^- \longrightarrow 2Cl^-$
酸化された物質は，電子 e^- を失った I^- を含むKIである。還元された物質は，電子 e^- を受け取った Cl_2 である。

2 酸化数と酸化剤・還元剤 (p.78)

重要事項マスター

1 0　2 0　3 +1　4 −2　5 −3
6 +1　7 +3　8 +6
9 −1　10 +1　11 +2
12 酸化　13 還元　14 酸化　15 還元
16 還元　17 酸化　18 還元　19 酸化

Work

1 −2　2 0　3 +4　4 +6

Exercise

1 (1) −4　(2) 0　(3) +2
(4) +3　(5) +4

解説 (2)は単体なので酸化数は0になる。(1)，(3)，(4)，(5)は化合物なので，H＝+1，O＝−2，化合物中の原子の酸化数の総和＝0，を使って酸化数を計算する。たとえば，(1)は，C＋(+1)×4＝0より，C＝−4。(3)は，C＋(−2)＝0より，C＝+2となる。(4)，(5)も同様にして計算する。

2 (1) −3　(2) 0　(3) +2
(4) +4　(5) +5

3

(1)　$H_2O_2 + SO_2 \longrightarrow H_2SO_4$
酸化数　+1 −1　+4 −2　　+1 +6 −2
酸化された原子…[S]　(+4 ⟶ +6)
還元された原子…[O]　(−1 ⟶ −2)
酸化剤…[H_2O_2]
還元剤…[SO_2]

(2)　$2KI + Cl_2 \longrightarrow 2KCl + I_2$
酸化数　+1 −1　0　　+1 −1　0
酸化された原子…[I]　(−1 ⟶ 0)
還元された原子…[Cl]　(0 ⟶ −1)
酸化剤…[Cl_2]
還元剤…[KI]

(3)　$Zn + H_2SO_4 \longrightarrow ZnSO_4 + H_2$
酸化数　0　+1 +6 −2　　+2 +6 −2　0
酸化された原子…[Zn]　(0 ⟶ +2)
還元された原子…[H]　(+1 ⟶ 0)
酸化剤…[H_2SO_4]
還元剤…[Zn]

(4)　$Cu + 2H_2SO_4 \longrightarrow CuSO_4 + 2H_2O + SO_2$
酸化数　0　+1 +6 −2　　+2 +6 −2　+1 −2　+4 −2
酸化された原子…[Cu]　(0 ⟶ +2)
還元された原子…[S]　(+6 ⟶ +4)
酸化剤…[H_2SO_4]
還元剤…[Cu]

4 ④

解説 ①はAlとFe，②はFeとCu，③はSという単体を含む反応なので，①～③は酸化還元反応である。したがって，酸化還元反応でないものがあるとすれば，残る④である。④の反応では，反応の前後で原子の酸化数が，Naは+1→+1，Hは+1→+1，Cは+4→+4，Oは−2→−2となっており，どの原子の酸化数も変化していない。したがって，④は酸化還元反応ではない。

5 (1) ④　(2) ③　(3) ②
(4) ①　(5) ⑤

解説 (1)塩素Cl_2と水H_2Oの反応は

$$Cl_2 + H_2O \longrightarrow HCl + HClO$$

となる。HClOは次亜塩素酸とよばれ，非常に強い酸化剤で，漂白・殺菌作用がある。次亜塩素酸ナトリウムNaClOは，塩素系漂白剤に使われている。
(2)過酸化水素H_2O_2の水溶液に触媒として酸化マンガン(Ⅳ)を加えると，酸素O_2が発生する。

$$2H_2O_2 \longrightarrow 2H_2O + O_2$$

過酸化水素は酸素系漂白剤や消毒薬に用いられる。
(3)ハロゲンの単体は，選択肢の中ではヨウ素I_2だけ。ハロゲンの単体はふつう酸化剤で，ヨウ素は殺菌作用があり，うがい薬に使われている。
(4)金属の単体は，選択肢の中では鉄Feだけ。金属の単体は還元剤で，鉄は酸化される(さびる)とき酸素と反応するので，脱酸素剤に使われている。
(5)ビタミンCは還元剤で，酸化を防ぐ目的で食品などに利用されている。

3 酸化剤と還元剤の反応 (p.82)

Exercise

1 $Cl_2 + 2KI \longrightarrow 2KCl + I_2$

解説 酸化剤の式を式⟨1⟩，還元剤の式を式⟨2⟩とする。式⟨1⟩＋式⟨2⟩をつくり，電子e^-を消去する。

$$Cl_2 + \cancel{2e^-} \longrightarrow 2Cl^- \quad \langle 1 \rangle$$
$$+)\ 2I^- \longrightarrow I_2 + \cancel{2e^-} \quad \langle 2 \rangle$$
$$Cl_2 + 2I^- \longrightarrow 2Cl^- + I_2$$

塩素 Cl_2（酸化剤）とヨウ化カリウム KI（還元剤）の酸化還元反応だから，ヨウ化物イオン $2I^-$ をヨウ化カリウム 2KI にするために，両辺に $2K^+$ を加える。

$$Cl_2 + \boxed{2I^-} \longrightarrow \boxed{2Cl^-} + I_2$$
$$+)\quad \boxed{2K^+} \longrightarrow \boxed{2K^+}$$
$$Cl_2 + 2KI \longrightarrow 2KCl + I_2$$

2 $Cu + 4HNO_3 \longrightarrow Cu(NO_3)_2 + 2NO_2 + 2H_2O$

解説 酸化剤の式を式〈1〉，還元剤の式を式〈2〉とする。2×式〈1〉+式〈2〉をつくり，電子 e^- を消去する。

$$2HNO_3 + 2H^+ + \cancel{2e^-} \longrightarrow 2NO_2 + 2H_2O \qquad 2\times\langle 1\rangle$$
$$+)\quad Cu \longrightarrow Cu^{2+} + \cancel{2e^-} \qquad \langle 2\rangle$$
$$Cu + 2HNO_3 + 2H^+ \longrightarrow Cu^{2+} + 2NO_2 + 2H_2O$$

濃硝酸 HNO_3（酸化剤）と銅 Cu（還元剤）の酸化還元反応だから，水素イオン $2H^+$ を濃硝酸 $2HNO_3$ にするために，両辺に $2NO_3^-$ を加える。

$$Cu + 2HNO_3 + \boxed{2H^+} \longrightarrow \boxed{Cu^{2+}} + 2NO_2 + 2H_2O$$
$$+)\quad \boxed{2NO_3^-} \longrightarrow \boxed{2NO_3^-}$$
$$Cu + 2HNO_3 + 2HNO_3 \longrightarrow Cu(NO_3)_2 + 2NO_2 + 2H_2O$$

左辺の HNO_3 をまとめて，次の化学反応式ができる。

$$Cu + 4HNO_3 \longrightarrow Cu(NO_3)_2 + 2NO_2 + 2H_2O$$

4 酸化還元反応の量的関係 (p.84)

Work

1 5　2 0.0200　3 $\dfrac{19.0}{1000}$　4 2

5 $\dfrac{10.0}{1000}$　6 0.0950　7 10

Exercise

1 0.0200 mol/L

解説 求める過マンガン酸カリウムのモル濃度を c〔mol/L〕とすると，次の酸化剤と還元剤が過不足なく反応している。

・酸化剤（$KMnO_4$）
1 mol が 5 mol の電子 e^- を受け取る，
濃度 c〔mol/L〕，体積 10.0 mL

・還元剤（$H_2C_2O_4$）
1 mol が 2 mol の電子 e^- を失う，
濃度 0.0500 mol/L，体積 10.0 mL

したがって，次の関係が成り立つ。

$$5 \times c\,[\text{mol/L}] \times \frac{10.0}{1000}\,\text{L} = 2 \times 0.0500\,\text{mol/L} \times \frac{10.0}{1000}\,\text{L}$$

これを解いて，$c = 0.0200$ mol/L になる。

5 金属のイオン化傾向 (p.86)

重要事項マスター

1 陽　2 酸化　3 >　4 酸化　5 還元
6 水素　7 H_2　8 一酸化窒素
9 二酸化窒素　10 二酸化硫黄
11 NO　12 NO_2　13 SO_2　14 王水

Exercise

1 ア <　イ >
ウ B　エ C　オ A

解説 A のイオンを含む水溶液に C の単体を入れたとき，A の単体が析出するので，A は C よりイオンになりにくく，イオン化傾向は A < C である。また，B のイオンを含む水溶液に C の単体を入れても変化がないので，B は C よりイオンになりやすく，イオン化傾向は B > C である。以上により，B > C > A となる。

2 1 H　2 H^+　3 H_2　4 S
ア +1　イ 0　ウ +6　エ +4
a 酸　b 酸化　c 酸化

3 A：Na　B：Sn　C：Zn
D：Ag　E：Au

解説〔実験1〕から，常温で水と反応して水素を発生した A は，イオン化傾向がきわめて大きいナトリウム Na である。

$$2Na + 2H_2O \longrightarrow 2NaOH + H_2\uparrow$$

〔実験2〕から，塩酸と反応して水素を発生した B と C は，イオン化傾向が水素よりも大きいので，スズ Sn または亜鉛 Zn である。

$$Sn + 2HCl \longrightarrow SnCl_2 + H_2\uparrow$$
$$Zn + 2HCl \longrightarrow ZnCl_2 + H_2\uparrow$$

塩酸と反応しなかった D と E は，イオン化傾向が水素よりも小さいから，銀 Ag または金 Au である。
〔実験3〕から，B と C のイオン化傾向は C > B となる。したがって，〔実験2〕の結果とあわせて，B がスズ Sn，C が亜鉛 Zn と決まる。

$$Sn^{2+} + Zn \longrightarrow Sn + Zn^{2+} \qquad Zn > Sn$$

〔実験4〕から，Dは濃硝酸と反応して溶けているから，〔実験2〕の結果とあわせて，Dは銀Agである。

$Ag + 2HNO_3 \longrightarrow AgNO_3 + H_2O + NO_2\uparrow$

濃硝酸と反応しないEは金Auになる。

4 ②

解説 ① イオン化傾向は Zn > Cu だから，次の反応が起こる。

$Cu^{2+} + Zn \longrightarrow Cu + Zn^{2+}$

したがって，銅(Ⅱ)イオン Cu^{2+} を含む硫酸銅(Ⅱ)水溶液に亜鉛Znを浸すと銅Cuが析出する。正しい。

② イオン化傾向は Mg > Fe だから，次の反応は起こらない。

$Mg^{2+} + Fe \not\longrightarrow Mg + Fe^{2+}$

したがって，マグネシウムイオン Mg^{2+} を含む塩化マグネシウム水溶液に鉄Feを浸してもマグネシウムMgは析出しない。これが誤り。

③ イオン化傾向は Cu > Ag だから，次の反応が起こる。

$2Ag^+ + Cu \longrightarrow 2Ag + Cu^{2+}$

したがって，銀イオン Ag^+ を含む硝酸銀水溶液に銅Cuを浸すと銀Agが析出する。正しい。

④ イオン化傾向は Zn > H_2 だから，次の反応が起こる。

$2H^+ + Zn \longrightarrow H_2 + Zn^{2+}$

したがって，水素イオン H^+ を含む酸の水溶液(塩酸もそうである)に亜鉛Znを浸すと水素 H_2 が発生する。正しい。上のイオン反応式の両辺に $2Cl^-$ を加えて整理すると，化学反応式になる。

$2HCl + Zn \longrightarrow H_2\uparrow + ZnCl_2$

⑤ 白金Ptはきわめてイオン化傾向が小さいが，王水には溶ける。正しい。

5 ①

解説 ① 銀Agはイオン化傾向が水素 H_2 より小さいから，希硫酸中の水素イオン H^+ と反応して水素 H_2 を発生することはない。つまり，次の反応は起こらない。これが誤りである。

$2Ag + H_2SO_4 \not\longrightarrow Ag_2SO_4 + H_2\uparrow$

② カルシウムCaは，イオン化傾向がきわめて大きく，水と反応して水素 H_2 を発生する。正しい。

$Ca + 2H_2O \longrightarrow Ca(OH)_2 + H_2\uparrow$

③ 亜鉛Znは，イオン化傾向が水素 H_2 より大きいから，希硫酸中の水素イオン H^+ と反応して水素 H_2 を発生する。正しい。

$Zn + H_2SO_4 \longrightarrow ZnSO_4 + H_2\uparrow$

④ スズSnは，イオン化傾向が水素 H_2 より大きいから，希硫酸中の水素イオン H^+ と反応して水素 H_2 を発生する。正しい。

$Sn + H_2SO_4 \longrightarrow SnSO_4 + H_2\uparrow$

⑤ アルミニウムAlは，イオン化傾向がかなり大きいから，高温の水蒸気と反応して水素 H_2 を発生する。正しい。

$2Al + 3H_2O \longrightarrow Al_2O_3 + 3H_2$

6 電池 (p.90)

重要事項マスター

1 酸化　2 還元　3 正　4 負
5 酸化　6 還元
7 負　8 正　9 正　10 負
11 放電　12 充電　13 一次　14 二次

Exercise

1 ②

解説 ① 電池の放電では化学エネルギーが電気エネルギーに変換される。正しい。

② 電池の放電時には，負極では還元反応ではなく酸化反応が起こる。また，正極では酸化反応ではなく還元反応が起こる。これが誤り。

③ 電池の正極と負極との間に生じる電位差を電池の起電力という。正しい。

④ 水素を燃料として用いる燃料電池では，水素が燃焼して(酸素と反応して)水になる次の反応の化学エネルギーを電気エネルギーとして取り出している。

$2H_2 + O_2 \longrightarrow 2H_2O$

したがって，発電時には水が生成する。正しい。

2 ③

解説 ① 電流の向きは電子 e^- の流れと逆なので，導線から電子が流れこむ電極は，導線へ電流が流れ出る電極であり，電池の正極になる。正しい。

② 充電によって繰り返し使うことのできる電池を，二次電池または蓄電池という。正しい。

③ ダニエル電池は，金属のイオン化傾向の大小を利用した電池である。このような電池では，一般に，イオン化傾向の大きな金属が負極に，小さな金属が正極になる。イオン化傾向は Zn > Cu なので，亜鉛Znよりイオン化傾向が小さい銅Cuの電極は正極となる。負極ではない。これが誤り。

④ 鉛蓄電池の電極には，負極に鉛Pb，正極に酸化鉛(Ⅳ) PbO_2 を用いる。正しい。

3 ④

解説 ① アルカリマンガン乾電池は，正極に酸化マンガン(Ⅳ)MnO_2 を用いた電池である。正しい。
② 鉛蓄電池は，電解液に希硫酸 H_2SO_4 を用いた電池である。正しい。
③ 酸化銀電池(銀電池)は，正極に酸化銀 Ag_2O を用いるため，酸化銀電池とよばれている。正しい。
④ リチウムイオン電池は，負極に Li を含む黒鉛 C を用いた二次電池である，一次電池ではない。一次電池のリチウム電池と混同しないこと。これが誤り。

4 1 Zn^{2+}　2 H_2
ア 酸化　イ 還元　ウ B
エ 正　オ 負

解説 ボルタ電池では，イオン化傾向が大きい亜鉛 Zn が電子 e^- を放出して亜鉛イオン Zn^{2+} になり，亜鉛板が溶ける。この電子 e^- は亜鉛板から導線を通って銅板に移動する。銅板では，希硫酸中の水素イオン H^+ が電子 e^- を受け取り，水素 H_2 が発生する。以上により，ボルタ電池の反応は，次のように書ける。

$Zn \longrightarrow Zn^{2+} + 2e^-$
$2H^+ + 2e^- \longrightarrow H_2$

この反応では，亜鉛 Zn は電子 e^- を放出しているから酸化されており，水素イオン H^+ は電子 e^- を受け取っているから還元されている。

電子 e^- は，亜鉛板→導線→銅板と移動する。電流の向きは電子の移動方向の逆向きだから，銅板→導線→亜鉛板であり，電流は図の B の方向に流れる。したがって，ボルタ電池において，銅板は正極，亜鉛板は負極となる。

5 ③

解説 ダニエル電池では，イオン化傾向が大きい亜鉛 Zn が電子 e^- を放出して亜鉛イオン Zn^{2+} になり，亜鉛板が溶ける。この電子 e^- は亜鉛板から導線を通って銅板に移動する。銅板では，硫酸銅(Ⅱ)水溶液中の銅(Ⅱ)イオン Cu^{2+} が電子 e^- を受け取り，金属の銅 Cu として銅板上に析出する。以上により，ダニエル電池の反応は，次のように書ける。

$Zn \longrightarrow Zn^{2+} + 2e^-$
$Cu^{2+} + 2e^- \longrightarrow Cu$

電子 e^- は亜鉛板→導線→銅板と移動するから，電流の向きは銅板→導線→亜鉛板で，図のアになる。

反応式の係数の比から，2 mol の電子 e^- が流れると，亜鉛板では 1 mol の亜鉛 Zn が溶けて質量が 65 g 減少し，銅板では 1 mol の銅 Cu が析出して質量が 64 g 増加する。したがって，亜鉛板と銅板の合計質量は，1 g 減少する。合計質量が何 g 減少するかは流れる電子 e^- の物質量(これは電気量で決まる)によって変わるが，減少することは確かである。

7 酸化還元反応と金属の製錬 (p.94)

重要事項マスター

1 還元　2 一酸化炭素　3 炭素
4 大き　5 溶融塩電解(または融解塩電解)
6 小さ　7 電解精錬

Exercise

1 ア ⑬　イ ②　ウ ⑤　エ ⑥　オ ④
カ ⑧　キ ⑪　ク ⑮　ケ ⑫　コ ⑭

解説 図の横軸にあたる「金属が単体として最初に取り出された年代」を見ると，金属は，おおざっぱにいって，イオン化傾向が小さいものから取り出されてきたことがわかる。

イオン化傾向が小さい金属は，酸素との結びつきが弱くさびにくい。そのため，金 Au のようにきわめてイオン化傾向が小さい金属は，単体のまま天然に存在し，製錬の必要がなく，紀元前から利用されてきた。銀 Ag や銅 Cu も，単体が天然に存在する。

鉱石の多くは金属と酸素の化合物，すなわち酸化物である。ふつうは鉱石を還元して金属単体をつくる。これが金属の製錬である。アルミニウム Al，鉄 Fe，銅 Cu を比較すると，イオン化傾向は Al > Fe > Cu なので，酸素との結合が最も強いのは Al，最も弱いのは Cu になる。酸素との結合が弱い銅は，酸化物が還元されやすく，古くから利用されてきた。逆に，酸素との結合が強いアルミニウムは，酸化物が還元されにくく，酸化物とコークスを混ぜて加熱しても鉄のように単体を取り出すことができない。そのため，アルミニウムは地殻中に最も多く存在する金属元素であるにもかかわらず，単体を取り出すことに成功したのは 19 世紀になってからである。発見されてもしばらくの間はアルミニウムは金より高価な貴重な金属だった。フランスのナポレオン 3 世(1808 ~ 1873)は，最も高貴なゲストには，金の食器でなくアルミニウム製の食器を使用したとされている。

24(02)